W0268085

Studienskripten zur Soziologie

20 E.K.Scheuch/Th.Kutsch, Grundbegriffe der Soziologie
Grundlegung und Elementare Phänomene
2. Auflage. Vergriffen

22 H. Benninghaus, Deskriptive Statistik
(Statistik für Soziologen, Bd. 1)
5. Auflage. 280 Seiten. DM 19,80

23 H. Sahner, Schließende Statistik
(Statistik für Soziologen, Bd. 2)
2. Auflage. 188 Seiten. DM 15,80

24 G. Arminger, Faktorenanalyse
(Statistik für Soziologen, Bd. 3)
198 Seiten. DM 17,80

25 H. Renn, Nichtparametrische Statistik
(Statistik für Soziologen, Bd. 4)
138 Seiten. DM 15,80

26 K. Allerbeck, Datenverarbeitung in der empirischen Sozialforschung
Eine Einführung für Nichtprogrammierer
187 Seiten. DM 10,80

27 W.Bungard/H.E.Lück, Forschungsartefakte
und nicht-reaktive Meßverfahren
181 Seiten. DM 16,80

28 H. Esser/K. Klenovits/H. Zehnpfennig,
Wissenschaftstheorie 1 Grundlagen
und Analytische Wissenschaftstheorie
285 Seiten. DM 20,80

29 H. Esser/K. Klenovits/H. Zehnpfennig,
Wissenschaftstheorie 2 Funktionsanalyse
und hermeneutisch-dialektische Ansätze
261 Seiten. DM 19,80

30 H. v. Alemann, Der Forschungsprozeß
Eine Einführung in die Praxis der empirischen Sozialforschung
351 Seiten. DM 20,80

31 E. Erbslöh, Interview (Techniken der Datensammlung, Bd. 1)
119 Seiten. DM 15,80

32 K.-W. Grümer, Beobachtung (Techniken der Datensammlung, Bd. 2)
290 Seiten. DM 20,80

35 M. Küchler, Multivariate Analyseverfahren
262 Seiten. DM 19,80

36 D. Urban, Regressionstheorie und Regressionstechnik
245 Seiten. DM 18,80

37 E. Zimmermann, Das Experiment in den Sozialwissenschaften
308 Seiten. DM 20,80

38 F. Böltken, Auswahlverfahren, Eine Einführung für Sozialwissenschaftler
407 Seiten. DM 21,80

39 H. J. Hummell, Probleme der Mehrebenenanalyse
160 Seiten. DM 16,80

Fortsetzung auf der 3. Umschlagseite

Zu diesem Buch

Die in diesem Buch vorgestellte empirische Kunstsoziologie, hervorgegangen aus Ästhetik, Kunstphilosophie und Sozialgeschichte, zählt heute zu einem der autonomen Zweige der Soziologie.

Abgetrennt von den Kunstwissenschaften, das Hauptgewicht auf den sich zwischen Künstler, Kunstwerk und Kunstpublikum abspielenden sozio-kulturellen Prozeß legend, werden die Ziele der empirischen Kunstsoziologie aufgezeigt sowie die Behandlung ihrer Problemkreise.

Als Beitrag zur konkreten empirischen Sozialforschung konzipiert, wendet sich das Buch an Wissenschaftler und Studenten, die das Leben der Künste aus kultureller, sozialer, soziologischer und sozialpsychologischer Sicht zu betrachten und zu erforschen wünschen.

Studienskripten zur Soziologie

Herausgeber: Prof. Dr. Erwin K. Scheuch
Prof. Dr. Heinz Sahner

Teubner Studienskripten zur Soziologie sind als in sich abgeschlossene Bausteine für das Grund- und Hauptstudium konzipiert. Sie umfassen sowohl Bände zu den Methoden der empirischen Sozialforschung, Darstellung der Grundlagen der Soziologie, als auch Arbeiten zu sogenannten Bindestrich-Soziologien, in denen verschiedene theoretische Ansätze, die Entwicklung eines Themas und wichtige empirische Studien und Ergebnisse dargestellt und diskutiert werden. Diese Studienskripten sind in erster Linie für Anfangssemester gedacht, sollen aber auch dem Examenskandidaten und dem Praktiker eine rasch zugängliche Informationsquelle sein.

Empirische Kunstsoziologie

Von Prof. Dr. jur. Alphons Silbermann
Universität zu Köln

B. G. Teubner Stuttgart 1986

Prof. Dr. jur. Alphons Silbermann

1909 in Köln geboren. Studium der Jurisprudenz und Soziologie an den Universitäten Köln, Grenoble und Freiburg/Br.; Musikstudium am Konservatorium in Köln. Emigrierte nach Australien: Lecturer at the State Conservatorium of Music. Nach Europa zurückgekehrt, war er vor seiner Pensionierung Professor für Soziologie (Soziologie der Massenkommunikation und Kunstsoziologie) an den Universitäten Lausanne und Köln sowie Direktor der Abteilung "Massenkommunikation" des Forschungsinstituts für Soziologie der Universität zu Köln. Nach seiner Pensionierung war er Lehrstuhlinhaber an der Universität Bordeaux. Zahlreiche Publikationen zu den Thematiken Medien- und Kunstsoziologie im In- und Ausland.

CIP-Kurztitelaufnahme der Deutschen Bibliothek

Silbermann, Alphons:
Empirische Kunstsoziologie / von Alphons
Silbermann. - Stuttgart : Teubner, 1986.
(Teubner-Studienskripten ; 127 : Studienskripten zur Soziologie)
ISBN 978-3-519-00127-0 ISBN 978-3-322-94878-6 (eBook)
DOI 10.1007/978-3-322-94878-6
NE: GT

Das Werk einschließlich aller seiner Teile ist urheberrechtlich geschützt. Jede Verwertung außerhalb der engen Grenzen des Urheberrechtsgesetzes ist ohne Zustimmung des Verlages unzulässig und strafbar. Das gilt besonders für Vervielfältigungen, Übersetzungen, Mikroverfilmungen und die Einspeicherung und Verarbeitung in elektronischen Systemen.

© B. G. Teubner Stuttgart 1986

Gesamtherstellung: Beltz Offsetdruck, Hemsbach/Bergstraße
Umschlaggestaltung: M. Koch, Reutlingen

Inhalt | Seite

Einleitung

Die Soziologie der Künste, kurz angesprochen als Kunstsoziologie, gehört zur Gruppe der sog. Bindestrich-Soziologien, die wie Erziehungs-, Industrie- oder Religionssoziologie ihre Grundbegriffe der allgemeinen Soziologie entnimmt. Ihre Eigenständigkeit beruht weniger auf der Entwicklung theoretischer Prämissen als auf der Erprobung der Anwendung derselben im Felde der verschiedenen Kunstformen. Sie stellt sie in die Mitte ihrer Überlegungen und Analysen, und zwar als soziale Gegebenheiten, ohne sich in eine Diskussion darüber zu verlieren, was denn Literatur, Musik oder Theater seien und wann sie sich in ihren Erscheinungsformen als Kunst bezeichnen lassen. Erwägungen dieser Art gehören nicht zum Aufgabenbereich der Kunstsoziologie noch zu ihrer Zielrichtung. Auch dort, wo die Kunstsoziologie schlechthin als Teil einer Kultursoziologie angesehen wird, nur weil Film, Malerei, Musik, Comics etc. als Äußerungen einer Kultur gelten (z.B. bei. W.E. MÜHLMANN 1964; A. CUVILLIER 1970; u.a.), verbleibt sie im Rahmen eines Aufgabenbereichs, bei dem das Soziologische den Vorrang vor dem Künstlerischen oder dem Kulturellen genießt. In ihrem ureigensten Interesse besitzen ihre prinzipiellen soziologischen Denkweisen Allgemeingültigkeit, gleich, ob es sich um solch unterschiedliche künstlerische Phänomene handelt, wie es die verschiedenen Kunstgenre sind. Die Eigenständigkeit und Spezifität der einzelnen Kunstgenre wird hierdurch in keiner Weise berührt; denn wenn sich auch die künstlerischen Äußerungen und Wahrnehmungen der einzelnen Kunstformen grundlegend voneinander unterscheiden - die <u>sozialen Prozesse</u> bei ihrer Kreation, ihrer Vermittlung und ihrer Wirkungen treten im gesamtgesellschaftlichen Rahmen stets als die gleichen in Erscheinung. Das heißt nicht etwa, daß solche beim Empfang von Kunstwerken wesentlichen Sinnesempfindungen wie beispielsweise Sehen und Hören oder gar die der Kreation unterliegenden Vorbedingungen oder Techniken gleichgestellt werden, sondern nur daß man sich ihren Ausmaßen und Auswirkungen in und auf die Gesellschaft prinzipiell in der gleichen Weise annähern kann. Mit den hierzu zur Verfügung stehenden Prinzipien zur soziologischen Erfassung der Künste befassen wir uns in dem hier vorliegenden Studienskriptum.

Unsere Darstellung wird sich einer ganzen Reihe soziologischer Grundbegriffe bedienen, auf deren Herkunft, Entwicklung, Erklärung nicht eingegangen wird (für "Grundbegriffe der Soziologie" siehe E.K. SCHEUCH und TH. KUTSCH 1975). Im übrigen halten wir uns an erprobte Regeln des empirisch-soziologischen Vorgehens, die auf unsere Thematik bezogen, kurz gefaßt, lauten:

- Es ist zu vermeiden, soziale Phänomene durch unterstelltes, fälschlich oft nur in der Vorstellung vorhandenes Verlangen nach einer Gesamtheit zu erklären, die aus diesen Phänomenen hervorgeht.
- Es sind soziale Tatsachen wie Phänomene der Anhäufung oder der Zusammensetzung zu behandeln, die sich aus dem Zusammentreffen individuellen Handelns ergeben.
- Soweit kunstsoziologische Forschung einen Beitrag zum Wohle der Gesellschaft zu liefern wünscht, hat sie jenen Typ von allgemeinen Theorien beiseitezulegen, die vorgeben, aus irgendwelchen als "offensichtlich" eingeschätzten Behauptungen rundum verwendbare Folgerungen ziehen zu können.

I. Kunst und Soziabilität

In seiner Einführung in die Soziologie gibt A. INKELES (1964) auf die Frage "Was ist Soziologie?" sich nach mehreren Richtungen hin bewegende Anworten. Es heißt: "Soziologie ist das Studium der Systeme des sozialen Handelns und ihrer Interrelationen" (S. 16.); "Soziologie ist eine Wissenschaft vom Verhalten" (S. 19); "Soziologie beschreibt den

Wandel in sozialen Systemen und versucht, die grundlegenden Prozesse bloßzulegen, durch die unter spezifischen Bedingungen ein Systemzustand zu einem anderen führt, möglicherweise unter Einbeziehung des Zustands der Desorganisation und der Auflösung" (S. 27). Die hier angedeutete Vielfalt der Aufgaben der Soziologie findet bei zahlreichen Autoren ihre Ausdehnungen oder Einschränkungen. Es ist die Rede von der Erforschung sozialer Prozesse, wie z.B. soziale Interaktion, Sozialisation, Konflikt, Mobilität usw. und wie alle diese die Persönlichkeit der darin verwickelten Individuen berührt, sowie der Untersuchung kultureller Prozesse, wie z.B. Invention, Diffusion, Integration, sozio-kultureller Wandel, Evolution usw. und wie sie sich auf die Menschen auswirken (P.A. SOROKIN 1962, Kap. 12). Das gleiche gilt für spezielle Soziologien, wobei diese sich dadurch auszeichnen, daß sie eine spezielle Gattung von sozio-kulturellen Phänomenen in den Mittelpunkt ihrer Studien stellen.

Die sozialen Phänomene, um die sich die Kunstsoziologie (im Englischen vielfach angesprochen als "The Sociology of the Fine Arts) bewegt, sind also "die Kunst", bzw. im einzelnen "die Künste". Sie lassen sich schon von ihrem Ursprung her als sozial erkennen, wenn von der Kunstgeschichte ausgeführt wird, Musik und Gesang seien aus gemeinschaftlichem Arbeiten hervorgegangen, um durch rhythmisches Singen die bei der Arbeit erforderlichen Anstrengungen zu erleichtern; der Schmuck als erste der Kunstformen sei durch den Sexualtrieb von Männern und Frauen angeregt worden; oder, mehr allgemein gesagt, der Ursprung der Künste sei auf Religion und Magie zurückzuführen oder auf den Einsatz ungenutzter Energien, die spontan aus einfachen spielerischen Aktionen in künstlerischen Ausdruck übergegangen seien (vgl. hierzu J. HUIZINGA 1938; P. HONIGSHEIM 1958). Gleich, ob die Künste aus der Notwendigkeit der Kommunikation zwischen den Menschen herrühren; aus natürlicher Auswahl; aus Arbeit in Gemeinschaft; aus Religion und Magie - die Kunst ist und bleibt ein soziales Phänomen, denn sie ist von ihrem Ursprung her durch das soziale Leben bedingt. Wir erkennen dies in aller Deutlichkeit von der Rolle her, die die Künste im Leben der modernen Gesellschaft spielen. Sie haben im Laufe der Jahrhunderte den intimen Kreis der sogenannten "Gebildeten" verlassen, um öffentlich und populär zu werden. Hiermit steht zum anderen eine Entwicklung in Verbindung, die die Konstitution der Künste betrifft, indem sie mehr und mehr Gesellschaft geworden sind. Zwar verkörpert der Künstler nach wie vor die Rolle des motivierenden Exekutors, doch ist die Kunst heute "Masse", während sie zuvor als Werk der Hand "Individuum" war.

Es war das Verdienst des Franzosen H. TAINE (1882) als einer der ersten darauf hinzuweisen, daß das jeweilige Kulturmuster einer gegebenen Gesellschaft der soziale Hintergrund (TAINE spricht von "Milieu") jeder Kunstschöpfung und Kunstrezeption ist. Er legte die Grundlage für sog. Milieustudien, bei denen die Entwicklung eines Kunststils sowie die Verbindung verschiedener Ausdrucksmöglichkeiten innerhalb der individuellen und kollektiven Auseinandersetzung zwischen Kunst und Gesellschaft und/oder Gesellschaft und Kunst gesehen werden können (vgl. L. KOFLER 1979). Die hierin enthaltene Bezugnahme auf die Kraft sozialer, ökonomischer, religiöser und anderer Faktoren, das heißt auf alle jene nicht-künstlerischen Grundlagen, die die Gesamtheit einer als Hintergrundsbetrachtung angelegten Milieustudie ausmachen, verweist darauf, daß es fehlerhaft wäre, jener "romantischen" Denkschule Folge zu leisten, nach der die Kunst ein freier, spontaner, individueller Selbstausdruck ohne jegliche soziale Verantwortung und ohne jegliches Bindeglied zur sozialen Wirklichkeit sei; und dem Künstler geradezu ein "Recht" zustehe, ohne jedwede Abhängigkeit von den Wünschen und Erfordernissen der Gesellschaft zu schaffen. Dieser extremen Ansicht steht die ebenso extreme Aussage gegenüber, nach der die Kunst ein soziales und gemeinschaftliches Unterfangen sei, eines der wirksamsten Mittel sozialer Kontrolle und Orientierung, eine Autobiographie der Gesellschaft, nicht des Künstlers (R. MUKERJEE 1951, S. X, 57). Ausführungen dieser Art sehen das Kunstwerk als ein isoliertes Objekt, und zwar besonders dann, wenn der Nachweis dafür erbracht werden soll, daß es nach Ansicht des Forschers das Ziel irgendeines Werkes aus Literatur, Malerei, Bildhauerei, Theater oder Musik war und ist, eine nur für die Gesellschaft wichtige Idee klarer und vollständiger zu offenbaren als dies durch reale Objekte möglich ist. Somit, nämlich um der Sorge willen, die Künste könnten nicht als autonom angesehen werden, werden sie in die Sphäre der Abstraktion versetzt und ihre Attribute als soziale Phänomene, d.h. ihrer menschlichen und gesellschaftlichen Beziehungen sowie aller anderen Tatsachen von sozialem Interesse entledigt (Soziabilität).

Unter Soziabilität, dem von J.-M. GUYAU (1889) in die kunstsoziologische Analyse eingeführten Begriff, wird in weitestem Sinne das Streben nach dem Leben in Gruppen und Gesellschaften verstanden sowie die Art und Weise, durch die sich die Individuen in eine bestimmte Gruppe oder Gesellschaft integrieren, bzw. die Befähigung zur Integration besitzen. Auch hier handelt es sich um ein soziales Phänomen, dessen Erscheinungsformen durch den Einfluß anderer sozialer Phänomene - in unserem Fall die Künste - hervorgerufen werden oder auf dieser sich gründen.

Zweifellos sind manche der von uns als Beispiel anzuführenden Formen durchaus bekannt und mögen gar als recht alltäglich angesprochen werden. Sie sollen hier in erster Linie dazu dienen, die Verschiedenartigkeiten aufzuzeigen, mit denen bei einer methodisch abgesicherten Beobachtung sozialer Phänomene wie den Künsten Rechnung zu tragen ist. So wird beispielsweise häufig davon ausgegangen, daß sich die künstlerische Aktivität an den Herdeninstinkt im Menschen wende und ein fruchtbarer Anlaß zu Gruppenbildungen sei. Verwiesen wird dabei auf Gesangsvereine und Chöre, die sich entweder um des gemeinsamen Singens willen gebildet haben oder zur Befriedigung eines Publikums oder zur hymnischen Lobpreisung des Herrn. Ferner auf Vereinigungen, die durch Lesungen, Vorträge, Diskussionen und Preisausschreiben sich die Erhaltung des Andenkens an Philosophen, Dichter und Schriftsteller zur Aufgabe gemacht haben, sowie solche, die durch Ausstellungen des Seltenen oder des Vollkommenen im Bereich der darstellenden Künste Menschen soziabel zusammenführen. Auch organisierte und nichtorganisierte Theaterbesuchergruppen können z.B. durch die Bewunderung einer besonderen interpretativen Leistung zu einer zeitweiligen soziablen Einheit werden. Selbst der oft zu vernehmende Appell an den "Geist" der Kunst, eine begriffliche Abstraktion von nicht zu unterschätzender Beweglichkeit, führt zu Erscheinungsformen der Soziabilität. Gleich, ob man sich auf den Geist der Kunst bezieht, um nachzuweisen, daß sie im Stande sei, Würde und Freiheit des Menschen zu erhalten und Isolierung, Egoismus, Sektierertum und ähnliches zu überwinden, oder ob man sich die Ansicht zu eigen macht, daß das der Innigkeit des Künstlers entspringende Werk mit den Ursprüngen menschlichen Verhaltens verbunden und durch diese Qualität gesellschaftsbildend sei - stets wird hierbei eine in der Kunst gelegene, Soziabilität hervorrufende Kraft angesprochen. Auch das anregende Abenteuer des Entdeckens und Wiedererkennens gewisser Kunstwerke sowie das Vergnügen, ein Kunstwerk zu verstehen und zu genießen; ja selbst die Gewohnheit, Bücher zu lesen oder Musik zu hören, entspricht einer Form der Soziabilität, deren quantitatives und dynamisches Ausmaß hier unbeachtet bleiben soll.

Die Gefahr einer Rückführung des sozialen Phänomens Kunst auf das soziale Phänomen Soziabilität oder eine Koppelung der beiden liegt dort, wo eine Konzentration auf das gesellschafts-, gemeinschafts- oder geselligkeitsbildende des einen oder anderen Phänomens gewichtige soziale Elemente wie Interaktion, Attitüden, Haltungen, Verhaltensmodi und nicht zuletzt Spontaneität und Organisation überschattet. Beispiele hierfür sind Schriften, die sich mit der Kunstpflege im Rahmen von Arbeiter- oder Jugendbewegungen befassen (z.B. F. JÖDE 1934; D. KOLLÁND 1979). Die Augenfälligkeit eines sozialen Phänomens wie dem der Soziabilität in bezug auf die Kunst, aufgefasst als Geselligkeit (G. SIMMEL 1911) oder als die Fähigkeit oder Neigung zur Gemeinschaftsbildung (G. SCHISCHKOFF 1974, S. 610), darf den Blick des Kunstsoziologen nicht zur Einseitigkeit verführen. Ansonsten entgehen ihm Bedeutung und Auswirkung eben jenes Sozialen des Phänomens, um das er sich letztendlich bemüht. Das Phänomen ist von mannigfachen einzelnen Seiten her zu erkennen, die dann wie durch einen Rundblick diagonal, horizontal und vertikal miteinander in Verbindung zu bringen sind. Hiervon ausgehend, kann der Filter soziologischer Denkrichtungen in Theorie und Methode angesetzt werden.

1. Die kunstsoziologischen Denkrichtungen

Wie bei jeder Spezialsoziologie weist auch die Soziologie der Künste einen Rückbezug auf das Gedankengut anders gelagerter Disziplinen und ihrer Vertreter auf. Bei der Suche nach einer Anschlußverbindung mit den Vorfahren treten regelmäßig die Namen und Werke von A.L.G. DE STAEL-HOLSTEIN (1800) oder L. DE BONALD (1819) für die Literatur, die von J.J.M. AMIOT (1779) oder R.G. KIESEWETTER (1842) für die Musik und G. VASARI (1550) für die bildende Kunst auf. Doch so sehr sich diese Schriftsteller auch um die Herausarbeitung sozialer Elemente der Künste bemüht haben, können sie höchstfalls in das Entwicklungsgeschehen der Kunstsoziologie eingefügt werden, nicht aber in die Projektion soziologischer Ausrichtungen auf die Kunstsoziologie, so wie wir sie angesichts des heutigen Standes der Sozialwissenschaft kennen. Da uns noch keine Geschichte der Kunstsoziologie zur Verfügung steht, die einer "Geschichte der Soziologie", wie z.B. der von F. JONAS (1968) entspräche, lassen sich nur die hauptsächlichsten soziologischen Ausrichtungen vorlegen, denen sich die empirische Kunstsoziologie in den von ihr unterbreiteten Arbeiten angeschlossen hat. In großen Linien skizziert manifestieren sich die folgenden kunstsoziologischen Denkrichtungen:

a) Einer "relativistischen" kunstsoziologischen Denkrichtung geht es darum, die soziale Wirklichkeit des sich zwischen Kunstproduzent und -konsument abspielenden Prozesses in seinem Gesamt zu erfassen. Unter der Erkenntnis, daß die Ebenen und Aspekte der sozialen Wirklichkeit dauerndem Wandel unterliegen, analysiert sie die dynamischen Elemente des Kunstprozesses mit Bezug auf die Veränderungen in den Gesellschaftstypen und -systemen. Der auf der Interaktion und Interdependenz von Künstler, Kunstwerk und Publikum sich gründende Kunstprozeß wird in Abhängigkeit von den unterschiedlichen historischen, kulturellen, ökonomischen, religiösen und sozialen Umständen der Gesellschaftstypen und -systeme angegangen.

b) Eine "engagierte" kunstsoziologische Denkrichtung wendet sich im Gegensatz zu der vorhergehenden von der Vergangenheit der einzelnen Elemente des Kunstprozesses bzw. dessen Evolution, Strukturen und Situationen ab. Sie sieht ihr Arbeitsfeld in der gesellschaftlichen Gegenwart der Künste, so wie diese sich im Zustand der Kreation, der Vermittlung und der Rezeption befinden. Probleme der Kunsterziehung, der Kunstwirtschaft, der Kunstpolitik, sowie der Erneuerung künstlerischer Konzepte stehen hier im Vordergrund.

d) Eine "mehrdimensionale" kunstsoziologische Denkrichtung versucht die sich im Kunstprozeß verdichtende soziale Realität der Künste vertikal und horizontal durch die Analyse ih-

rer Stufungen, Niveaus, ihrer Infra- und Suprastrukturen zu erfassen, so wie sie sich gegenseitig beeinflussen, ineinander übergehen oder sich konfliktartig gegenüberstehen.
e) Eine "differentielle" kunstsoziologische Denkrichtung wünscht die ganze Tiefe, Fülle und Kraft des Kunstprozesses zu explorieren, indem sie unter Ausschaltung historischer, geographischer, ethnographischer und individualistischer Gegebenheiten rein typologisch vorgeht. Sie konzentriert sich auf die Erkenntnis sozio-kultureller Typen unterschiedlicher Qualität in bezug auf Künstler, Kunstwerk und Publikum. Ihr Arbeitsfeld entspricht mikrosoziologischen Analysen.

In diese hier nur kurz umrissene Bezugsrahmen fallen die diversen Felder der empirisch ausgerichteten kunstsoziologischen Betätigung. Ihnen allen ist es vordringlich um die Erkenntnis der Bedeutung sowie des Verhaltens des hinter dem Kunstprozeß stehenden Menschen getan. Das heißt, daß sich die Kunstsoziologie, ebenso wie Familien-, Rechts-, Industrie- oder Gemeindesoziologie, um nur einige Spezialsoziologien anzuführen, den verschiedenen Phasen und Elementen des sozialen, genauer gesagt , des sozio-künstlerischen oder sozio-kulturellen Lebens zuzuwenden hat, was notwendigerweise zu einer Unterteilung in spezielle Untersuchungsfelder führen muß, von denen ein jedes eine ihm und dem empirischen Vorgehen angepaßte Forschungsmethode verwendet. Auch diese sind systematisiert und kurz umrissen anzuführen, zumal Methoden stets auch Ausrichtungen und Inhalte indizieren.

Als grundlegende Methoden, die bisher in der empirischen kunstsoziologischen Forschung Anwendung gefunden haben, lassen sich erkennen:
a) Die historische Methode, mit deren Hilfe künstlerische Ereignisse und Institutionen aus vergangenen Epochen und Kulturen untersucht werden, um Ursprünge und Vorgänge des gegenwärtigen sozio-künstlerischen Lebens zu erkennen. Aus-

gegangen wird von der Idee, daß der Forscher die gegenwärtigen Formen und Aktivitäten des sozialen Lebens sowie der zu analysierenden Tatsachen "sowohl der Gegenwart, dem eigenen Miterleben und womöglich der eigenen Beobachtung, als auch der Vergangenheit, also der historischen Erfahrung entnehmen kann" (G. EISERMANN 1974, S. 341).

b) Die komparative Methode, mit der Vergleiche zwischen verschiedenen Gruppen und Gesellschaften in bezug auf deren sozio-künstlerisches Leben herausgearbeitet werden, um sowohl Ähnlichkeiten als auch Unterschiede bei den Elementen des Kunstprozesses zu erfassen. Ausgegangen wird von der Idee, daß die Unterschiede und Ähnlichkeiten wesentliche Merkmale für das soziale Verhalten der Menschen gegenüber den Künsten, ihrem Entstehen, ihrer Nutzung sowie ihrem Beitrag zum kulturellen Niveau diverser Gruppen und Gesellschaften aufweisen.

c) Die statistische Methode dient der numerischen Erfassung bestimmter Zeitabschnitte und sozialer Gegebenheiten. Sie wird im Bereich der Kunstsoziologie zur Zählung und Sammlung von Tatsachen, Tatbeständen, Materialien, Personen, Meinungen etc. angewandt, ferner um sich Rechenschaft abzulegen über ökonomische, soziologische, demographische oder kulturelle Typen der künstlerischen Realität.

d) Die Fallstudien-Methode findet in der kunstsoziologischen Forschung mit Vorliebe Anwendung, wenn um erkennbare künstlerische Stile und Formen sich scharende Einzelwesen oder Gruppen in ihrem Verhalten und den Auswirkungen ihrer Kreationen erfasst werden sollen. Die hierdurch erfassten soziokünstlerischen Tatbestände dienen als Grundlage für gewisse Verallgemeinerungen.

e) Die kommunikationsprozessuale Methode findet vor allem dort Anwendung, wo es um das Verstehen, die Verstehbarkeit oder Verständlichkeit von Kunstwerken geht. Zwei Aspekte stehen hier im Vordergrund: der eine ist an die Äußerung und die Übertragung der künstlerischen Botschaft, Mitteilung oder Aussage gebunden, der andere an deren Wahrnehmung. Schwerpunktmäßig wird der Verstehensvorgang nach Empfindungsetappen erfasst, die von Hör-, Seh-, Lesbarkeit über Deutlichkeit bis zu Verständlichkeit, Auffassungsgabe und letztlich aus diesem Zusammenhang hin zur Bedeutung eines Werkes und seines Inhalts führen.

Es ist zu betonen, daß es sich bei den hier skizzierten methodischen Rahmen um planmäßige angewandte Verfahren zur Erreichung eines Zieles handelt, wie sie dem in diesem Band abgehandelten wissenschaftlichen Gegenstand entsprechen. Es handelt sich also nicht um Modelle, mit denen das kunstsoziologische Forschungsobjekt angegangen werden kann. (Für die Verfahrensweisen bzw. Forschungsmethoden siehe Kapitel VI). Insgesamt gehen alle hier nur summarisch angeführten kunstsoziologischen Denkrichtungen davon aus, daß die empirisch ausgerichtete Kunstsoziologie gegenüber den sozio-künstlerischen Tatsachen eine weitgehend objektive Haltung einzunehmen hat. Nur so - gleich nach welcher Methode - ist sie in der Lage, Erkenntnisse vorzulegen, die sie das Ziel erreichen läßt, die Zustände des sozio-künstlerischen Lebens zu erfassen, zu planen und in den Dienst der Gesellschaft zu stellen. Daher ihr Bemühen, alle Aspekte des sozio-künstlerischen Lebens zu erkennen; denn nur so ist sie in der Lage, über die Analyse, Zerlegung und Synthese einzelner sozio-künstlerischer Gegebenheiten hinweg, das Gesamtbild des sozialen Phänomens Kunst zu ergründen und in solche Bahnen zu lenken, wie es das Wissen um das Leben und die Dinge verlangt.

2. Erkenntnistheoretische Ansatzpunkte der Kunstsoziologie

Die Entwicklung der Kunstsoziologie oder Soziologie der Künste ist von sehr unterschiedlich gearteten Ansatzpunkten ausgegangen, von theoretischen und praktischen, erprobten, unerprobten und empirischen. Demzufolge läßt sich nur mit

Mühe eine einigermaßen systematisierte evolutionäre Linie aufzeigen. Hinzu kommt, daß sich dieser Wissenschaftszweig angesichts seiner unumgänglichen Abhängigkeit von dem Objekt "die Künste" in einer Art von Konkurrenzsituation zu der seit langem bestehenden Kunstwissenschaft steht, die verständlicherweise ihre einmal erzielte Monopolstellung nicht aufzugeben wünscht. Schon allein solche von der Kunstsoziologie benutzten Begriffseinheiten wie "Produzent" für "Künstler" und "Konsument" für "Kunstpublikum" macht sie erschrekken und läßt sie von der Profanierung eines nach ihrer Ansicht "geheiligten Kulturgutes" sprechen. Auf der anderen Seite stehen die Theoretiker der Soziologie, die entweder mit Prioritätsrechten oder einer gewissen Ambiguität der Kunstsoziologie gegenüberstehen, weil sie eine Verbindung zwischen Literatur, Musik, Theater, bildende Kunst und Soziologie ebensowenig einzuordnen verstehen wie eine solche zwischen Literatur-, Musik-, Theaterwissenschaft etc. und Gesellschaftslehre. Beidemale wird in der Kunstsoziologie eine Art Pendant, ein Art Hilfswissenschaft gesehen, und in den meisten Hand- und Lehrbüchern nur mit kurzen Hinweisen bedacht. Soweit es die soziologische Literatur betrifft, befassen sich die Hinweise meist mit der globalen Einordnung der Kunstsoziologie in den Rahmen übergeordneter soziologischer Gebiete. Nur selten wird von den unterschiedlichen soziologischen Gesichtspunkten Kenntnis genommen, geschweige denn von den im folgenden abzuhandelnden diversen erkenntnistheoretischen Ansatzpunkten zur Erfassung der gesellschaftlichen Relevanz der Künste.

a) Der wissenssoziologische Ansatz

Wo immer vom wissenssoziologischen Standpunkt aus das Verhältnis von Geist und Leben berührt wird, finden sich Hinweise und Verweise auf diese oder jene Kunstform: bei R.K. MERTON (1945), K. MANNHEIM (1952), P.A. SOROKIN (1953), M. SCHELER (1957), um nur einige Autoren zu nennen. Bei ihnen

allen läßt sich die schon 1923 in einer Arbeit von K. MANNHEIM hervortretende Tendenz erkennen, "nach einer Möglichkeit zu suchen, Kunstwerke anderen 'Kulturobjektivationen' vergleichbar zu machen" (K. LENK 1972, S. 55). Der hierzu eingeschlagene Weg besteht zum einen daraus, herauszufinden, welcher Typ von künstlerischem Denken zu dieser oder jener Epoche von Menschen ausgeübt wurde, zum anderen die Wechselbeziehungen zu untersuchen, die sich zwischen intellektuellen Standpunkten und konkreten Strömungen abspielen. Ein solches Vorgehen ist dort besonders ansprechend, wo bei Analysen unabhängig voneinander in der Kunst nur ein Denken und in Kulturobjektivationen nur ein Handeln gesehen wird. Durch diese Spaltung wird die Gesellschaftsbezogenheit der Künste in den Hintergrund gedrängt und der Kunstprozeß umgesetzt in das Bemühen, "die Sphäre der ästhetischen Werte mit deren Realisierung im konkreten Prozeß des künstlerischen Schaffens in eine einsichtige Beziehung zu bringen" (K. LENK 1972, S. 59). Dieser Ansatz tritt sehr deutlich bei den von G. LUKÀCS (192o), G.W. PLECHANOW (1955) oder TH.W. ADORNO (1961) durchgeführten Unterfangen im Bereich der Literatur entgegen. Angesichts ihrer Beschränkung auf den Versuch, die hervorstechenden Gestalten in der Entwicklung der Literatur zu erkennen - was nach G. LUKÀCS (1969, S. 27) äußerst schwierig ist, "weil die Literatur eine Spiegelung der objektiven Wirklichkeit ist" - verlieren sie sich in wirklichkeitsfremde Konstrukte über Aufbau und Eigenart des Geistesleben, die am Ende dazu verleiten, die Theorie der Gesellschaft an der Kunst zu betreiben.
Das wohlgemeinte Bestreben wissenssoziologischer Ansätze, das Leben der Künste mit einem hochstehenden humanistischen und demokratischen Ideal der Kultur in Verbindung zu bringen, muß unvermeidlich zu einer a priori-Denkweise führen, die einer empirisch ausgerichteten Kunstsoziologie nicht gegeben ist. Denn diese, das sei bereits an dieser Stelle gesagt, geht wo immer und wie immer sie die Künste in ihren

Relationen zur Gesellschaft betrachtet, von Tatsachenbeobachtungen aus, wobei das Tatsächliche im Gegensatz zum Empfundenen, zum Metaphysischen, ja zum Erdachten, zu dem die Künste nur allzuleicht verführen können, in jeder Hinsicht oberstes Gesetz zu sein hat. Hiervon ist die Wissenssoziologie jedoch noch recht weit entfernt, es sei denn, sie erweitere sich "zu einem komplexen Forschungsbereich mit modernen soziologischen Methoden und Techniken, mit einem festen und gegenüber der Logik klar abgegrenzten Platz in einer generellen Wissens- und Wissenschaftstheorie" (L. ROSENMAYR 1966, S. 23o). Auf diesen Weg hat sich in eindrucksvoller Weise J. SCHARFSCHWERDT (1977) in seiner Darstellung der Literatursoziologie begeben.

b) Der kultursoziologische Ansatz

Von vielen Seiten wird vorgebracht, daß spezielle Soziologien, wie die des Rechts, der Erziehung, der Religion und der Kunst, bei der Kultursoziologie unterzubringen sind. Es wird dabei von einem Kulturbegriff ausgegangen, der alle Verhaltensmuster und Bildungen umfasst, die sozial erworben und übermittelt worden sind, und dementsprechend die verschiedenen Kunstformen und Kunstäußerungen integrale und fest umschriebene Teile der Kultur sind. Selbst ohne eine Rückbeziehung auf ausgedehnte und eingeschränkte Kulturbegriffe (hierzu die Diskussion bei H.P. THURN 1976), ist die Einordnung der Künste in das Feld der Kultur nie bestritten worden. So versteht es sich, daß bei kultursoziologischen Abhandlungen die Künste stets miteinbezogen werden: bei G. SIMMEL 1923; R. BENEDICT 1955; N. ELIAS 1969; u.a.m. Vielfach führt die Einbeziehung dazu, daß sich das kultursoziologische Bestreben in ein kulturtheoretisches verwandelt, vor allem dann, wenn es sich Traditionen anschließt, deren Ursprung bei O. SPENGLERS (1918/1922) willkürlicher Trennung von Kultur und Zivilisation oder O. SPANNS (193o) Universalismus zu suchen sind und bis hin zu H. MARCUSES (1973) "kritischer" Kulturtheorie reichen.

Der kultursoziologische Ansatz hat mit oder ohne Einbeziehung kulturtheoretischer Überlegungen vor allem dort einen starken Anklang gefunden, wo die Kunst - im gleichen Atem mit Sprache, Mythologie, Wissen, Religion, Familie, Eigentum, Staatsform und anderen Gegebenheiten - als ein Unterteil der Klassifikation von kulturellen Fakten angesehen und abgehandelt wird. Diese Unter- oder Einordnung berührt in gewissem Maße sowohl die Eigenständigkeit des sozialen Phänomens als auch die Betrachtungsweise und Methode, mit der es angegangen wird. Aus dem Blick auf die Beziehung zwischen Gesellschaft und Kunst wird ein Blick auf die Beziehungen zwischen Gesellschaft und Kultur beziehungsweise Kulturen, wodurch sich die Übergänge zwischen dem Mikro- und Makrosoziologischen verwischen. Es ist also weniger ein Problem der Selbständigkeit des kunstsoziologischen Ansatzes gegenüber dem kultursoziologischen, als eine Frage der Abgrenzung, die bis in Theorie, Praxis und Methode der Erkenntnis des Kunstprozesses hineinreicht. Dieser Mangel einer Abgrenzung und seiner Folgen ist an drei Komplexen zu exemplifizieren, zu denen Arbeiten vorliegen, die, vielfach als zur kunstsoziologischen Denkweise gehörend angeführt, ihr jedoch keineswegs entsprechen.

a)Ein erster die Künste in die Kultursoziologie integrierender Komplex von Arbeiten gestaltet übergangslos den soziologischen Ansatz in einen zeitgeistlichen um. In der Folge von J. BURCKHARDTS (1936) eminenten Kunstbetrachtungen und der von ihm angewandten Methode hält man sich (wie z.B. P.J. BOUMAN 1962) mit Hilfe strikten kausalen Denkens am Zeitgeist des geschichtlichen Ablaufs fest und zentralisiert mit der Absicht, künstlerische Werte zu etablieren, hervorstechende Ereignisse. Um dabei der verwirrenden Mannigfaltigkeit der Einzelheiten zu entgehen, werden der geschichtliche Ablauf sowie die Ereignisse mit einer kultursoziologischen Interpretation überzogen, d.h. es wird versucht (mehr oder weniger im Anschluß an W. DILTHEYS (1933) Thesen), das geschichtliche und sozialkulturelle Leben, den geistigen Gehalt einer Zeit aus sicht selbst heraus zu verstehen. Als Indizien für diesen als Geistesgeschichte dargetanen "geistigen Gehalt" gelten sowohl die Spitzen der menschlichen Leistungen als auch ausgewählte Kunstwerke und philosophische Systeme. Das heißt, es kommt einer Kultursoziologie als Zeitgeistforschung nicht so sehr auf die Universalität des Stoffes an, sondern in erster Linie auf die Universalität einer Betrachtungsweise, die soweit geht, zu sagen, daß auch scheinbar plötzliche Eruptionen nichts am Charakter der Geschichte als Prozeß, als Geschehensstrom ändern (H.J. SCHOEPS 1959, S. 41). Im Endeffekt übergeht der soeben skizzierte kultursoziologische Ansatz bei seinem Unterfangen, die Künste und das Kunstleben in seine Überlegungen einzubeziehen, sowohl determinierende soziale Prozesse als auch interaktionelles Geschehen, um den Geist oder, wie es oft heißt, das Lebensgefühl einer Epoche oder eines Jahrhunderts nachzuvollziehen.

b) Ein zweiter nach Abgrenzung verlangender Komplex steht mit dem vorhergehenden in Verbindung. Und zwar zeigt sich bei den kultursoziologischen Arbeiten eine immer stärker werdende Betonung des Geschichtlichen, wodurch eine in diese Denkrichtung integrierte Kunstsoziologie unumgänglich in den Bereich der Kunstgeschichte zurückgeführt wird, dem sie weder angehört, noch angehören kann. Die Ursachen für diese Ausweitung in das Geschichtliche dürften zum einen daher rühren, daß die in der Soziologie für "Kultur" häufig benutzten Bedeutungssynonyme, wie "erlernte Verhaltensweisen", "soziales Erbe", "das Superorganische" oder "Lebensweisen" etc. (hierzu R. BIERSTEDT 1963, S. 127 ff.) mit ihrem Unterton des Tradierten allesamt auf zeitlich Vergangenes oder geschichtlich Erhaltenes zurückweisen. Zum anderen läßt sich nicht übersehen, daß bedeutende kultursoziologi-

sche Denker wie z.B. A. WEBER (195o) oder A.J. TOYNBEE (1947) mit ihren Geschichtsanschauungen Kultursoziologie oder, "wenn man sich auf das empirisch Faßbare und seine verstehende Zusammenfassung zu beschränken sucht, Geschichtssoziologie" betreiben (A. WEBER 195o, S. 17). Überdies ist darauf hinzuweisen, daß es bei ihnen und anderen oft als Kunstsoziologen zitierten Autoren, wie z.B. J. HUIZINGA (1956), nicht - um im altherkömmlichen Sinn zu sprechen - um die Kultur, sondern um Kulturen geht, wodurch dieses vielsinnige Wort sofort eine andere Bedeutung annimmt.
c) Wir kommen zu einem dritten Komplex, der die Notwendigkeit einer Abgrenzung aufzeigen wird. Häufig wird versucht, nicht nur die individuellen künstlerischen Bewegungen in den ihnen eigenen eigentümlichen Stellungen im Rahmen kulturellen Geschehens zu erkennen, sondern überdies diese Bewegungen in der darstellenden Kunst, z.B. bei F. ANTAL (1947), oder in der Musik, z.B. bei C. SACHS (1955), aus ihrer speziellen Situation heraus zu entwickeln. Es werden, wie A.v. MARTIN (1949, S. 12) ausgeführt hat, dem Kulturhistoriker und seinem Interesse an der Physiognomie der Kultur durch den Soziologen gewissermaßen ihre Anatomie und Physiologie hinzugefügt. Dadurch soll eine sich als Kunstsoziologie gebende primitive Kultur- und Sozialgeschichte überwunden werden. Was einst nur einen sozialen Hintergrund ausmachte, nur eine Art soziale und kulturelle Projektionsfläche, wird nun als das Wesentliche zur Erforschung des sozialen Lebens von Werk und Künstler angeführt, als eine soziale Realität, die sich auf eine komplexe, eine sich durchkreuzende Realität gründet. Bei der Einbeziehung dieser "Realitäten" in das kultursoziologische Schaffen kann allerdings so mancher Autor der Versuchung nicht widerstehen, sowohl das Kulturelle als auch das Soziale so vergangenheitsträchtig aus geschichtsphilosophischer Sicht zu sehen (z.B. L.B. MEYER 1967), daß das Heute und das zur Existenz der Gesellschaft sowie der Künste notwendige Mor-

gen vielfach gar nicht zur Sprache kommen kann. Das entspricht aber weder den Aufgaben der empirischen Sozialwissenschaften noch denen der empirischen Kunstsoziologie, nämlich: die Prozesse des menschlichen Verhaltens und besonders deren Beharrlichkeiten und Veränderungen zu analysieren, sowie Normen in solcher Form zu unterbreiten, daß Möglichkeiten sich ergeben, Handlungen, will sagen praktische Handlungen durchzuführen.

Zweiffelos geht die Kultursoziologie von der Erkenntnis aus, daß Kultur im sozialen Leben eine bedeutende Rolle zu spielen hat, jedoch wie ein jeder der drei hier abgehandelten Komplexe zeigt, sind Begriff und Inhalt der Kultursoziologie für die soeben angedeuteten Aufgaben zu eng und von der empirischen Kunstsoziologie abzugrenzen. Gleich, ob man die Kultursoziologie als "die Wissenschaft von der Gesellungseite des Kulturlebens" definiert (K.A. FISCHER 1951, S. 15), oder im Anschluß an W. DILTHEY (1883, 1933) mit seinem Historizismus und der Scheidung zwischen Systemen der Kultur (Kunst, Wissenschaft, Religion usw.) und "äußeren" Organisationsformen der Kultur (Gemeinschaft, Herrschaft, Staat usw.) von der modernen Malerei als "Zeit-Bilder" spricht (A. GEHLEN 1960) - letztendlich führt dies nicht zu einem empirisch ausgerichteten kunstsoziologischen, sondern zu einem sozialgeschichtlichen Ansatz, der als nächstes anzuführen ist.

c) Der sozialgeschichtliche Ansatz

Eine große Anzahl kunstsoziologischer Schriften bedient sich sozialgeschichtlicher Erkenntnisse oder geht die Problematik direkt aus sozialgeschichtlicher Sicht an. Wenn es sich auch gezeigt hat, daß das Betreiben von Kunstsoziologie einer Hilfestellung von seiten der Kunst- und Sozialgeschichte bedarf, gilt es doch einen grundlegenden Unterschied zwischen den beiden Disziplinen zu beachten. Während die Kunst-Sozialgeschichte an Längsschnitten der Entwicklungslinien interessiert ist, sucht die Kunst-Soziologie senkrecht durch diese Linien durchzuschneiden. Damit - trotz aller Versuche die sozialen Gegebenheiten der Künste zu erfassen - verbleibt für die Sozialgeschichte in den meisten Fällen das literarische, musikalische oder bildliche Phänomen als solches vordringlich im Zentrum der Betrachtungen. Zwar werden bei den "neuen Wegen der Sozialgeschichte" (O. BRUNNER 1956) künstlerische Ereignisse nicht länger wie früher in Anlehnung an die traditionelle Kunstgeschichte einfach katalogisiert, sondern auch in ihren Beziehungen zu Zeitereignissen allgemeiner Art und wesentlichen kulturellen Zeiterscheinungen vorgebracht und auf ihre Regelmäßigkeiten hin analysiert. Nachteilig zeigt sich hierbei jedoch, daß wie bei der vielzitierten "Sozialgeschichte der Kunst und Literatur" von A. HAUSER (1953) entweder von Hypothesen ausgegangen wird, die ideologischer Voreingenommenheit entspringen, oder wie in dem von H.J. SCHRIMPF (1963) herausgegebenen Band zum Verhältnis von Literatur und Gesellschaft versucht wird, anhand der sozialgeschichtlichen Analyse literarischer Werke, die Sozialgeschichte als Literaturgeschichte darzutun. Das Ergebnis dieser Unterfangen entspricht insofern nicht einer empirisch ausgerichteten Kunstsoziologie, als es sich angesichts seines sozialgeschichtlichen Blickwinkels darauf beschränkt herauszufinden, warum zu einem bestimmten historischen Zeitpunkt und einer diesem zugeordneten Situation diese oder jene Kunstart, bzw. dieses oder jenes Kunstwerk allgemein Gefallen gefunden hat oder nicht.

Was als "soziale Erklärung" gedacht ist, verdichtet sich unweigerlich zu einer "Kunst-Erklärung", von der dann unterstellt wird, aus ihr lasse sich der gesellschaftliche Zustand ganzer Bevölkerungsgruppen ablesen, Letztendlich muß dies zu einer der empirischen Kunstsoziologie in keiner Weise angespassten Denkweise führen, die Künste schlicht als Interpretation des Zustands von Gesellschaften in einem bestimmten geschichtlichen Stadium sowie in der Spannung zwischen Ideal und Wirklichkeit zu sehen. Selbst wenn sich sozialgeschichtliche Arbeiten soziologischer Grundbegriffe wie Gruppe, Institution, Organisation, Rolle etc. bedienen und diese in Beziehung zu einer historisch ausgerichteten Soziallehre, Sozialethik, Geistes- und Wirtschaftslehre setzen, läßt sich die Kunst-Sozialgeschichte nicht in eine Kunst-Soziologie verwandeln. Bieten sich doch dem Forscher und Beobachter des Lebens der Künste zwei voneinander unterschiedliche Klassen von historischen Tatsachen an: Die Sozialgeschichte hat es mit denjenigen Tatsachen zu tun, die dem sozialen Zustand ohne regelmäßige Verbindung oder Wechselbeziehung gegenüberstehen, weil sie von der Originalität großer Persönlichkeiten herrühren: ihre Kräfte und Fortschritte sind weder stetig noch regelmäßig. Die Kunstsoziologie hingegen interessiert sich für jene historischen Tatsachen, die untereinander und mit dem Fortschritt der Gesellschaft in Wechselbeziehung stehen: sie passen sich an und entwickeln sich gemäß Kräften, deren Analysen und Beschreibungen zu den Aufgaben der Kunstsoziologie gehören. Nur unter Beachtung dieser Abgrenzung berührt der sozialgeschichtliche Ansatz den kunstsoziologischen.

d) Der sozialphilosophische Ansatz

Seit der Antike hat sich das philosophische Denken unter anderem auch mit den Künsten befasst. Viele Arbeiten der Philosophen haben sich in der Ästhetik, in der "Lehre vom Schönen", als einem Teil der Philosophie zusammengefunden. Ob von der künstlerischen Idee oder Empfindung, vom künstlerischen Mittel, Aufbau oder Stil ausgehend, von Natur, Zahl, Pracht, Vollkommenheit oder Freiheit, von Formalismus, Sentimentalismus oder Energetismus - vordringlich befaßte sich die Philosophie der Künste, bzw. die Ästhetik bis ins

19. Jahrhundert hinein mit intellektuellen Fragen; das Utilitäre verblieb im Hintergrund. Erst als die Philosophie begann, von Existenz, Wesen und Bedeutung der Gesellschaft ausdrücklich Kenntnis zu nehmen, entstand jener gesellschaftsphilosophische Zweig, der heute als Sozialphilosophie das soziale Leben, darin einbezogen auch die Künste, philosophisch angeht. Indem sich die Sozialphilosophie auf Aussagensysteme oder Normen für dasjenige, wie es sein sollte, bezieht, versucht sie das Wissen um die künstlerischen Dinge auf ihre letzten, meist gesamtgesellschaftlichen Grundlagen zurückzuführen. Das kann dadurch geschehen, daß die verschiedenen Kunstformen zusammen mit den vielen anderen geistigen Tätigkeiten der Menschen als eine Tätigkeit des individuellen oder kollektiven Geistes, - geradezu als eine Einheitlichkeit - angesehen und abgehandelt werden; als Probleme einer "Soziologie des Geistes" (siehe G. GURVITCH 1960, Kap VII-VIII). Die Schwierigkeit, die einen solchen aus einer systemgebundenen Auffassung von der Gesellschaft hervorgegangenen Zusammenfassung individueller oder kollektiver geistigen Tätigkeiten entgegensteht, ist die Erfahrung, daß sie sich weder physiologisch, psychologisch, emotional oder kognitiv auf einen gemeinsamen Nenner bringen lassen. Ein anderer Weg wird von denjenigen sich mit den Künsten befassenden Sozialphilosophen eingeschlagen, die sich in erster Linie ihrer Bestimmung als Philosophen bewußt sind, d.h. die davon ausgehen, daß die Philosophie in ihrem kritischen Streben von jeher dazu diente, das denkerische Bild des Rechten vorzuführen. Die Vertreter dieses Ansatzes (z.B. A. HAUSER 1958; L. GOLDmann 1970; E. BLOCH 1974) sind dementsprechend gewissermaßen gezwungen, das Kunstwerk als solches in den Mittelpunkt ihrer Betrachtungen zu stellen; denn nur von dort aus können sie ihren Absichten entsprechend feststellen, für wen in der Gesellschaft und für welchen (sozialen) Zweck das Kunstwerk gut oder schlecht ist, wie es um seinen Sinn,

seine Ethik, seine Stilistik, seine Moral, seinen Wahrheitsgehalt und seine Ästhetik bestellt ist. Sowohl durch die Zentralisierung des Kunstwerkes als auch durch das Streben nach Werturteilen entfernt sich der sozialphilosophische Ansatz von einem der Grundsätze der Kunstsoziologie als empirische Sozialforschung, da diese zum einen das Kunstwerk im Gesamtkunstprozeß zu sehen wünscht, und zum anderen es stets zu vermeiden sucht, Werturteile über das Kunstwerk als solches zu formulieren und abzugeben. Ohne hier auf das umstrittene Prinzip der Werturteilsfreiheit einzugehen, läßt sich sagen, daß das Werturteil über ein Kunstwerk für den Kunstsoziologen nur eines der vielen Daten ist, die er in seine Beobachtungen miteinzubeziehen hat.

Ein kursorischer Blick auf die Arbeitsweise einiger sich mit den Künsten befassenden Sozialphilosophen, sagen wir G. LUKÁCS (1920), J. CASSOU (1950), W. BENJAMIN (1961), TH.W. ADORNO (1962) oder E. BLOCH (1974), informiert darüber, was ihnen als theoretische Stützpunkte und/oder Materialien dient, um ausschließlich vom Kunstwerk ausgehend den sozialen Kontext zu erreichen. Soweit es die bei den Sozialphilosophen ihrer Bestimmung nach vorherrschenden Mittel des philosophischen Denkens betrifft, gehen sie die Künste entweder metaphysisch, hermeneutisch, phänomenologisch oder strukturalistisch, existenzialistisch, transzendental usw. an. Und was das Soziale betrifft, bedienen sie sich einer Rückbeziehung auf Geschichtliches, Psychologisches, Anthropologisches, Reformerisches, Organisatorisches und anderes mehr je nach Bedarf und Intention. Die in diesen Vorgehensweisen gelegene durchaus legitime Aufgabe des Sozialphilosophen, Normen zu finden, durch die das Wesen des Kunstwerkes und seine Wirkung fixiert werden können, endet in den meisten Fällen bei Wesenscharakterstudien, denen es ihrem Sinn nach darauf ankommt, den Ort zu präzisieren, von dem aus ein schöpferisches Werk erstens zur Kunst wird und es zweitens ein bleibendes Dasein hat.

Diese von der Sozialphilosophie mit allen ihr zur Verfügung stehenden kritischen Kraft durchgeführte "Suche nach dem Ort" - deren Ergebnisse der empirischen Kunstsoziologie übrigens sehr wohl zustatten kommen können - hat ihren Ausdruck in der Begriffskonstellation von der "immanenten Bedeutung des Kunstwerks" gefunden, die der amerikanische Sozialphilosoph J. DEWEY (1934) in seinen Überlegungen zentralisiert hat. Er wandte sich von einer Kunstauffassung ab, nach der es der Gesellschaft gegeben sei, die Züge, die das ästhetische Objekt auszeichnen ohne Rücksicht auf das ästhetische Erlebnis durch Betrachtungen über das Objekt selbst zu erkennen (für eine eingehende Diskussion der Deweyschen Konzeption siehe C. GRAÑA 1975). Die hier angesprochene Trennung zwischen bloßem Erkennen einerseits und Reaktionen andererseits berührt in der Tat das Soziologische. Denn wenn das Gesellschaftliche nur in und durch sich in Reaktionen verdeutlichender Kommunikation existieren kann, dann ist die Mitteilung das Fundament des Kunstwerkes und nicht nur eine bloße Beigabe. Anders ausgedrückt: Kunst und Anstrengung, Kunst und Natur, vor allem aber Kunst und jedwedes normales menschliches Erlebnis dürfen nicht voneinander abstrahiert werden. Praktisch gesprochen bedeutet das, daß zwischen den ererbten Instinktausstattungen der Natur eines Künstlers und der sozialkulturellen Entfaltung seiner Person, dem Anerzogenen und/ oder Tradierten zu unterscheiden ist, wobei sich die Frage erhebt, welches von beiden Elementen als vorwiegend anzusehen wäre. Während für DEWEY das im Verhalten, im Sozialisationsprozeß Erworbene das Ursprüngliche und die Erfahrung immer sozial ist (ein primär vorherrschender Instinkt gilt als sekundär), eliminiert die von ADORNO angeführte Denkweise a priori Kommunikationsvorgänge. Er reduziert sie auf bare Vorgänge der "Vermittlung" von Kunst und Gesellschaft (TH.W. ADORNO 1962, Kap. 12), weil es die vordringliche Aufgabe sei, die Kunstform selbst "aufzusprengen", womit dann, gleichzeitig mit der Hintanstellung der Kommunikation, auch das das Kunstwerk durchziehende Anerzogene verdrängt wird. Gleichwie schweben über der Suche nach (künstlerischen und sozialen) Normen, durch die das Wesen des Kunstwerks festgelegt werden könnte, vorgefaßte philosophische Gedankengänge, nach denen die Kunst den Gesetzen des menschlichen Gewissens beziehungsweise der Wahrheit entspringt. Dadurch wird den sozialen Phänomenen "Musik", "Literatur","Malerei" oder "Theater" das ihnen zu ihrer Existenz und Auswirkung notwendige soziologisch-prozessuale Moment entzogen. Das heißt: zur Not werden zwar noch die zum Kunstwerk hinführenden und von ihm ausgehenden Wirkekreise "vermittelnd" berührt, aber nicht als sich in dauernder Veränderung befindende soziale Bewegungen, sondern schlicht als zu Artefakten verwandelte Nomenklaturen.

So interessant und dienlich es auch sein mag, das Kunstwerk in eine Lehre von den letzten Dingen des Einzelnen oder der Gesellschaft umzusetzen, kann sich der Empiriker dieses philosophisch-kontemplative Vorgehen schon allein um seiner Unverbindlichkeit willen nicht zu eigen machen; selbst wenn es sich kritisch gibt. Er muß es sich versagen, anhand irgendwelcher geistigen Vorstellungen etwas in das Kunstwerk hineinzudenken oder aus ihm herauszulesen, was nicht faktisch und dokumentarisch nachweisbar oder belegbar ist. Soweit dies bei sozialphilosophischen Unterfangen der Fall ist - z.B. bei der Vorlage von auf nachgewiesenen und getesteten Tatsachen beruhenden Werturteilen - ist eine Einbeziehung ihrer Erkenntnisse in die empirische Kunstsoziologie durchaus angebracht. Alles jedoch, was Sozialphilosophen anstelle eines Sein als ein

Sollen nachzuweisen versuchen, sowie alles, was prophetisch-kritisch Aufblühen oder Verfall von Kunsterscheinungen anzuprangern sucht, ist von der Kunstsoziologie zu meiden, da sie sich in ihrer empirischen Konzeption ausschließlich an soziale Tatsachen hält, soweit und wo immer sie sich in den Künsten und dem sie umgebenden Gesamtgesellschaftlichen manifestieren. Ihr Schwergewicht kann für sie nicht dort liegen, wo mit Hilfe gewisser sorgsam ausgewählter Kenntnisse aus Gemälden der Renaissance der Renaissancemensch rekonstruiert wird, wo anhand der Personen in Cervantes' "Don Quijote" der soziale Status diverser spanischer Gesellschaftsschichten gedeutet oder aus Beethovens "Missa solemnis" selbstloser Schaffensidealismus herausgelesen wird.

3. Empirische Kunstsoziologie

Bei der hier folgenden Abhandlung über den Ansatz der empirischen Kunstsoziologie ist zuvor zu betonen, daß dieser nicht etwa mit den im vorhergehenden Kapitel abgehandelten Ansätzen in Konkurrenz steht. Ganz im Gegenteil: die der Empirie verpflichtete Kunstsoziologie verdankt nicht nur ihr Entstehen den Erkenntnissen der anderen Ansätze, sondern hat sie auch weitgehend in ihre Arbeiten einbezogen. Dennoch finden sich, vor allem von seiten kunstbeflissener Verteidiger höherer Wesenseinheiten Stimmen, die eine wie immer geartete empirische Annäherung an das Kunstwerk als "übereifrigen Empirismus" von der Hand weisen und lassen nur die sozialphilosophische Reflektion über den "immanenten sozialen Gehalt" des Kunstwerks gelten. Überdies wird abwertend, wenn nicht gar vorwurfsvoll argumentiert, das empirisch-kunstsoziologische Denken und Forschen trage doch nur andernorts erarbeitete Begriffskonstellationen sozusagen an die Künste heran und überdecke damit ihr wahres Wesen.

Ohne auf Vorteile und Nachteile, Stärken und Schwächen der empirischen Soziologie einzugehen, entspräche es nicht den Tatsachen zu behaupten, die empirische Kunstsoziologie bediene sich nicht gewisser Erkenntnisse und Methoden der Empirie, wie sie als Vorgehensweise und Verfahren bei soziologischen Analysen und Forschungen gleich welcher Ausrichtung zur Anwendung gekommen sind. Allerdings, so ist zu betonen, nur insoweit als diese dem Gegenstand kunstsoziologischer Erwägungen und praktischer Arbeiten im Felde angemessen sind. Es ist diese Eingrenzung durch Angemessenheit, und zwar sowohl der Erfahrungserkenntnisse als auch der Verifizierung von Hypothesen durch Erfahrungstatsachen, die denjenigen Literatur-, Kunst-, Musik- oder Theaterwissenschaftlern suspekt sein muß, die sich unter einem kulturellen, historischen oder philosophischen Deckmantel in erster Linie als Kunstbeurteiler betätigen. Sie übersehen, daß sich die empirische Kunstsoziologie wie jede empirische Wissenschaft nicht nur von den vier Faktoren: Objektivität, Genauigkeit, Überprüfung und Induktion leiten läßt, sondern auf ihnen überhaupt beruht. Erläuternd ist hierzu zu sagen:

- Objektivität bedeutet nicht, daß sich der empirische Ansatz in übermenschlicher Weise von der Alltäglichkeit des Lebens befreie, sondern eine Art von freiwilligem und absichtlichem Abstand, um den Einfluß des Forschers auf die von ihm gewonnenen oder übernommenen Daten zu verringern.
- Genauigkeit bedeutet nicht, daß Fehler ausgeschlossen seien, sondern daß bei der empirischen Vorgehensweise auf die Umschriftung eines jeden durchzuführenden Untersuchungsvorgangs zu achten ist, sowie auf eine begründete Definition der verwendeten Begriffskonstellationen.
- Überprüfung bedeutet nicht, daß eine letzte Wahrheit zustande komme, sondern zum einen Unachtsamkeiten zu vermeiden, zum anderen absichtliche Entstellungen, von welcher Seite sie auch kommen mögen, zu verhüten.

-Induktion bedeutet nicht, daß Deduktion ausgeschlossen werde, sondern daß das Vorgehen des Empirikers von deduktiven Behauptungen ausgehend zu ihren allgemeineren Voraussetzungen gelangt, die sich als Hypothesen auf empirische Fälle gründen. Aufgrund dieser der empirischen Sozialforschung eigenen Vorgehensprinzipien sieht sich die empirische Kunstsoziologie in der Lage, gültig akzeptierte Untersuchungsvorgänge an das soziale Phänomen Kunst heranzubringen und einen Bezugsrahmen zu gestalten, der es erlaubt, zur Lösung kunstsoziologischer Probleme beizutragen.

Die Einbettung der in diesem Kapitel angeführten Ansätze in das empirisch-soziologische Denken geschah schrittweise, indem zunächst von einem tradierten Kunstdenken mit seinen Kunstgeschichtsreportagen und egozentrischen Kunst-Dechiffrierungsvorgängen Abschied genommen wurde. Sie fand einen ersten erkennbaren Schnittpunkt in dem Versuch von P.A. SOROKIN (1962), Formen und Äußerungen der Kunst in Beziehung mit anderen Aspekten der sozialen Situation zu untersuchen. In diesem Rahmen, vor allem unter dem Aspekt des sozialen Wandels, der Bedeutung des sozialen Milieus für den kreativen Prozeß und der Interdependenz zwischen sozialen Prozessen und künstlerischen Formen, erkennt und systematisiert SOROKIN vier Kunsttypen, von denen eine jede eine bestimmte Geistesart zum Ausdruck bringt und in jedem Fall untrennbar mit einem spezifischen Persönlichkeits- und Kulturtypus verbunden ist. Und zwar werden gegenübergestellt:

- Die sensualistische (sensate) Kunst mit ihrer Bevorzugung sinnlicher Gegenstände; ihr Stil ist realistisch oder naturalistisch; Hauptzweck ist, sinnliches Vergnügen zu bereiten.
- Die ideationelle (ideational) Kunst, die das Übersinnliche und Irrationale zum Gegenstand hat; ihr Stil ist symbolisch; ihre Absicht ist, die menschliche Seele Gott

oder sich selbst näher zu bringen.
- Die idealistische (idealistic) Kunst, deren Gegenstand zum Teil übersinnliche, zum Teil edelste sinnliche Erscheinungen umfaßt; ihr Stil ist zum Teil ein idealisierter Naturalismus, zum Teil symbolisch oder allegorisch; Absicht ist die Veredelung oder Verklärung der sinnlichen Welt und des Menschen sowie die Annäherung der Seele an höchste Werte.
- Die eklektische (eclectic) Kunst, die weder im Sujet noch im Stil noch in der Zielsetzung eine Einheit aufweist; sie ist eine zusammenhanglose Mischung von Sujets, Stilen und Zielsetzungen aller Arten.

Die Ausführungen SOROKINS liegen gewiß in der Nähe einer nicht unumstrittenen ästhetischen Geschichts- und Kulturdeutung, wenden sich jedoch von jener idealistischen Tradition ab, die sich in der Nachfolge von W. DILTHEY (1933) um Grade kultureller Integration der Künste in soziale Systeme bemüht. Immerhin, diese Linie, bei der die Erkenntnis sozialer und kultureller Systeme im Vordergrund steht, wurde und wird von der Kunstsoziologie weiterhin verfolgt und hat höchst interessante Arbeiten hervorgebracht. In groben Linien skizziert, verlegen sich diese Betrachtungen und Analysen von "Systemen" (verstanden als ein aus vielen Teilen zusammengesetztes Ganzes, bzw. jedes Phänomen, das durch eine große Anzahl von Variablen beschrieben werden kann) auf zwei divergierende Vorgehensweisen. Die eine, von althergebrachten kunstphilosophischen Interessen herrührend, verlegt die Analyse angesichts der Künste in die Aufschlüsselung des Vakuums zwischen Transzendenz und Immanenz. Die andere, sich ihrer sozialwissenschaftlichen Basis bewußt und dementsprechend Kunst und Künstler als soziale Phänomene erkennend, versucht diese mit dem täglichen, dem praktischen Leben, kurzum mit dem "System" oder der "Gesellschaft" in Verbindung zu bringen. Letzteres entspricht denn auch in stärkerem Maße dem allgemeingültigen Verlangen der Soziologie. Die Schwierigkeit, die der soziologischen Denkweise bei einem derartigen Vorgehen entgegentritt, liegt im Objekt Kunst selbst geborgen, genauer gesagt in der über Jahrhunderte tradierten Konzentration auf das Irrationale beim Entstehen und im Gehalt der Kunstformen. Das "romantisch" oder "völkisch" hochgejubelte pseudo-psychologische Gerede von "Seelenschauer", "Seelensprache", "Seelenformation" und ähnlichem steht der gesellschaftsbezogenen Analyse der Künste im Wege. Diese irrationale Hürde mußte überwunden werden, um dem durch die Künste hervorgerufenen sozialen Prozeß in die Nähe zu gelangen. So entstand zunächst eine Verlagerung der Analyse in das technisch-kommunikative Feld der verschiedenen Kunstformen. M. WEBER (1921) erforschte die technischen Aspekte der Tonsysteme; W. BENJAMIN (1936) wandte sich den Folgen der technischen Reproduktion für die Kunst zu; und TH.W. ADORNO (1945) analysierte in ähnlicher Weise die Folgen der mechanischen Reproduktion und Simplifikation von Musiken durch Radioempfang. Immer noch bei dem Versuch, das Irrationale der Künste oder in den Künsten bei der soziologischen Analyse auszuschalten, wurde die Kunst als eine "kollektive Aktion" angesehen, um von hier aus zur Analyse des sozialen Systems vordringen zu können, zu einem, wie es heißt, Netzwerk von Menschen, die kooperieren, um das spezifische Kunstwerk zu produzieren (H.S. BECKER 1974). Noch so mancher anderer Umgehungsweg wurde eingeschlagen, doch stets wurde man gewahr, vor allem sobald sich die Analyse bis hin auf die Wirkungen der Künste erstreckte, daß dabei vieles von dem, was die Kunst ausmacht, beiseite gelassen werden mußte oder gar verloren ging. Es verlor sich die Konkretisierung des Forschungsobjektes und damit dieses selbst.

Zwar führte es einen Namen, wurde als "die Literatur", "der Film", "die Malerei" oder als "das Theater" in die Mitte des zu analysierenden Kunstlebens gestellt und in Beziehung zur Gesellschaft gebracht, um damit aus ihm ein soziales und sozial-ästhetisches Phänomen zu machen - doch als konkreten zentralen Ansatzpunkt zur faktischen Erkenntnis, Analyse und Handhabung seiner soziologischen Aspekte sollten diese vielseitigen und zugleich vagen Denominationen nicht genügen. Schließlich geht es der Kunstsoziologie ja nicht darum, "die Musik" oder "die Literatur" zu analysieren, sondern was das Kunstwerk von innen oder außen als eine soziale Aktion, als soziales Handeln bedeutet. Gleich nun, ob das durch die Künste hervorgerufene Handeln im WEBERschen Sinn als ein subjektives oder im DURKHEIMschen als ein objektives angesehen wird (vgl. hierzu SCHEUCH und KUTSCH 1975), die Beziehungen der Künste zur Gesellschaft führen stets darauf zurück, in den diversen Kunstäußerungen individuelle oder kollektive Aktionen, Muster menschlicher Beziehungen und Gesamtheiten sozialer Praktiken zu sehen, kurz gesagt eher (sozio-künstlerische) Prozesse als Dinge. Somit steht für die empirische Kunstsoziologie nicht die konzeptionell einfrierbare und als Struktur behandelbare Literatur, Musik, Malerei etc. im Mittelpunkt der Batrachtungen, sondern der Mensch in seinem sozio-künstlerischen Sein und Handeln; er ist nicht Mittel, sondern Zweck. Daher ist für die empirische Soziologie alles, was mit der Beziehung zwischen den Künsten und der Gesellschaft zu tun hat, unter dem Licht der Relationen des Einzelwesens und der Gruppe, bzw. der Gruppen, Mengen und Massen zu sehen.

In dieser Hinsicht gibt es jedoch nur ein einziges Faktum, eine einzige soziale Tatsache, die gemäß den Ausführungen von E. DURKHEIM (1976, S. 1o7) "in besonderen Arten des Handelns, Denkens und Fühlens" besteht, "die außerhalb

der Einzelnen stehen und mit zwingender Gewalt ausgestattet sind, Kraft deren sie sich aufdrängen", ein einziges bedeutsames Moment, ein einziges bestimmtes Objekt unserer Disziplin, das den Künsten dazu dient, prozessuale Beziehungen herzustellen, nämlich das Kunsterlebnis.
Bei dieser Feststellung verkennen wir nicht die Ansicht, die diese an einen sozio-emotionalen Bereich und die von ihm geschaffenen sozio-emotionalen Wirkekreise heranführende Bezugnahme als zu einfach, ja gar als banal ansieht. Doch ist zum einen darauf zu verweisen (was womöglich etwas neben der Sache liegt), daß das Banale, das Einfache, ebenso wie das Selbstverständliche festzuhalten, eher zu den Aufgaben einer auf das Sein des Menschen ausgerichteten Soziologie gehört, als mit Hilfe wissenschaftlicher Prätention das Sein des Menschen noch mehr zu komplizieren als es schon ist. Zum anderen ist anzuführen, daß es um das Kunsterlebnis nicht anders bestellt ist als um andere sozio-emotionale Tatbestände, z.B. Lachen, Ablehnung, Zustimmung u.a., die eine methodische Erkenntnis der soziologischen Aspekte der Künste erlauben. Die unter Bezugnahme auf DURKHEIMs Verlangen nach einem zentralen "fait social" (ungleichmäßig übersetzt als soziale Tatsache, sozialer Tatbestand oder Tatbefund) hervortretende soziologische Charakterisierung des Kunstlebens durch das Kunsterlebnis, auf das wir seit unseren ersten Schriften immer wieder verwiesen haben (A. SILBERMANN 1949; 1955), ist inzwischen von vielen Seiten dort aufgenommen worden, wo eingesehen wurde, daß sich - mit dem Kunsterlebnis in der Mitte der Analyse - durch kulturelle Erwerbung hervorgerufene, dem sozialen Handeln zugrundeliegende Werte und Spannungen in ihrem dialektischen Verhältnis insoweit erkennen lassen, als sie sich in Empfindungsäußerungen der Gesellschaft gegenüber dieser oder jener Kunstform verdeutlichen. Das Bemühen der empirischen Kunstsoziologie um das Kunsterlebnis als Ausgangs- und Mittelpunkt ihrer

Betrachtungen und Forschungen zielt darauf hin, die lebendigen Kräfte der Künste, diese durch Berührung von Produzent und Konsument, durch Zustimmung oder Konflikt hergestellten sozialen Aktionen herauszuarbeiten, ohne sich vom Menschen abzuwenden. Auf die sozialen Determinanten des Kunsterlebnisses kommen wir im nächsten Kapitel zu sprechen.

Ausgehend von der wirklichkeitsnahen und begründeten Auffassung, daß es der Existenz des Kunstwerks entspricht, eine soziale Aktion hervorzurufen, "daß der Betrachter bei ihm verweilt, nicht daß er es bewältigt oder erforscht" (H. KUHN 1960, S. 27), plaziert sich das Kunsterlebnis in den Mittelpunkt der Überlegungen, und der empirische kunstsoziologische Ansatz richtet sich darauf aus, es zu erreichen, d.h. es zu erfassen. Dies in seinen sozial organisierenden und desorganisierenden Auswirkungen, in seinen wohltuenden als auch für Individuen, Gruppen oder Gesellschaft verderblichen Verzweigungen, sowie zur Beleuchtung seiner es umgebenden Imponderabilien. Da das empirisch ausgerichtete Studium der sozialen Verflechtungen der Kunst nicht dazu dient, Natur und Wesen der Künste selbst zu erklären, lassen sich - wohlgemerkt fern von allen Formulierungen künstlerischer Normen und Werte - zur Handhabung dienliche Typologien des Kunsterlebnisses etablieren. Zwei solche Typologien seien angeführt. Die eine von B. ALLSOPP (1960) entworfene lautet: 1. Kunsterlebnis mit Verstand; 2. Kunsterlebnis als Genuß; 3. als Gefühl bzw. Gefühlsgehalt; 4. als Erfahrung; 5. als Ansteckung; 6. als Einsicht in die Wahrheit; 7. als Weisheitsübermittlung. Die andere, von M. KAPLAN (1966) vorgelegte lautet: 1. Kollektiverlebnis (Individuen verbinden sich näher mit ihren Gruppen); 2. Individualerlebnis (Phantasieanregung, Zerstreuung, Verbindung mit historischen Perioden); 3. Symbolerlebnis (Kunst als Idee oder soziale Beziehung); 4. Werterlebnis (gute, dekadente, inspirative, sensationelle usw. Kunst); Beiläufigkeitserlebnis (unangetastete ästhetische Sinne).

4. Die sozialen Determinanten des Kunsterlebnisses

a) Natur. Im folgenden sind mit Bezug auf die soziale Tatsache, genannt Kunsterlebnis, zwei Grundfragen zu behandeln: Erstens, wodurch wird das Kunsterlebnis sozial bestimmt; zweitens, wodurch bestimmt es sozial.
Die im vorliegenden Zusammenhang regelmäßig auftretende Bezugnahme auf eine soziale Aktion oder einen sozialen Prozeß impliziert die darin gelegene Reziprozität. Global gesprochen, bedeutet dies auf das Kunsterlebnis bezogen, daß durch den Einfluß des Kunsterlebnisses auf die künstlerische Formation des Individuums oder der Gruppe und den Einfluß des künstlerischen Individuums oder der Gruppe auf das Kunsterlebnis (außermenschliche Einflüsse nicht ausgeschlossen) der Kunstprozeß als ein Ganzes, als ein totaler Prozeß gesehen wird. Der in der sozialen Aktion gelegenen und sie bedingenden Reziprozität ist es zuzuschreiben, daß sich die soziale Tatsache Kunsterlebnis in dem Augenblick zu erkennen und erfassen läßt, wenn sie sich mitteilt, will sagen, wenn sie jene Doppelrolle, jene "significant-other(s)"-Rolle spielt, durch die sich Menschen sehen (G.H. MEAD 1934). Dabei bleiben dem Kunstsoziologen als faktisch unerfaßbar die Wünsche des Künstlers, gefühls-, instinktmäßig, aktiv, passiv oder intellektuell verstanden zu werden, gleichgültig. Sie werden erst dann soziologisch relevant, wenn sich unter Bezugnahme auf das Kunsterlebnis aus der jeweils unterschiedlichen Spannung zwischen Individuum und Gesellschaft ein typologisches Bild der Kunstschaffenden ergibt, das sie als Schwärmer, Esoteriker, Realist, Mystiker, Kosmopolit etc. einordnen läßt. Während mit diesen Designationen die Natur des Kunsterlebnisses von der Persönlichkeit des Produzenten aus gesehen wird, läßt sie sich auch von dorther erkennen, wo mit Bezug auf das Kunster-

lebnis dem Anstoß, der Entfaltung des Kunstwerks nachgegangen wird. Wir stehen dann entweder einem "lyrischen" Kunsterlebnis gegenüber, beruhend auf einer Subjektivierung der Auseinandersetzung zwischen Innen- und Umwelt; oder einem "idealistischen",beruhend auf der Vermittlung von Anmut, Würde, Schönheit, Erhabenheit u.ä.; oder einem "vitalistischen", beruhend auf Lebensprallheit, Sinnenfreude, Gestik, Drastik u.ä.; oder einem "mystischen", beruhend auf Askese, Erleuchtung, Glaube u.ä.; oder nicht zuletzt einem "artistischen" Kunsterlebnis, beruhend auf Raffinesse, Noblesse, Virtuosität u.ä.

Beide hier angeführten Typologien könnten noch weiter vervollständigt werden, können jedoch genügen, um Gegenüberstellungen von Geben und Nehmen aufzuzeigen, durch die die Natur des Kunsterlebnisses sozial determiniert wird. Damit ist ein erster Schritt getan, der indes bei weitem noch nicht genügt, um die soziale Determinante "Natur" und ihre Bedeutung zu vergegenwärtigen. Geht man nämlich über das Typologische des Gesamts hinaus und betrachtet nicht nur die Überschneidungen und Grenzfälle innerer und äußerer Erscheinungsformen, sondern speziell die sich zwischen Produzent und Konsument abspielenden, im Kunsterlebnis sich kristallisierenden Verbindungslinien, dann kommt man einer geradezu unübersichtlichen Mannigfaltigkeit in der Natur der sozialen Tatsache entgegen. Sie kann emotional oder intellektuell, dekorativ, artifiziell oder mechanisch sein, atmosphärisch, naiv, affirmativ, selektiv oder positiv; kann in gläubiger, militärischer, tänzerischer oder liebender, integrierender oder desintegrierender Richtung verlaufen - kurzum, in allen in den Fakultäten der Intelligenz und der Psyche enthaltenen Richtungen. Hierauf gründet die Erkenntnis, daß es der Kraft der Natur des Kunsterlebnisses zuzuschreiben ist, zu gleicher Zeit Gemütserregungen hervorzurufen und den Verstand zu fesseln.

Dieses "Konglomerat", bei dem nicht vorauszusehen ist, auf welcher Seite das Schwergewicht gelegen ist, macht die soziologische Erfassung der Natur des Kunsterlebnisses, seine Wesentlichkeit zweifelhaft; überdies auch die nicht zu übersehenen Unterschiedlichkeiten in den Verbindungslinien der diversen Kunstsparten. Denn während sich beispielsweise das von den darstellenden Künsten ausgehende Erlebnis im Raum entwickelt, also einer räumliche Verbindungslinie bedarf, bewegt sich das von der Musik ausgehende in der Zeit und benötigt eine zeitliche Verbindungslinie. Zwar bewahrt sich ein Bild oder eine Skulptur, wie alles, das existiert, in der Zeit, jedoch es entfaltet sich nicht in der Zeit, sondern zeigt sich in seiner unveränderlichen Raum-Totalität. Eine Komposition hingegen ist eine Kreation, die sich erst dann verwirklicht und dartut, wenn sie durch die Zeit getragen wird; sie kann erst wahrgenommen werden, wenn sie sich in der Zeit abwickelt. Diese Unterschiedlichkeiten erlauben es offensichtlich nicht, bei der Erfassung der Natur des Kunsterlebnisses von einem Erlebnis auf ein anderes zu schließen, will sagen, die jeweiligen Verbindungslinien als Phänomene der Sinnesempfindungen einander gleichzusetzen. Nur insofern kann bezüglich der Natur und der anderen im folgenden noch zu behandelnden sozialen Determinanten in der uns eigenen Weise vom dem Kunsterlebnis gesprochen werden, als wir als Empiriker und nicht als Phänomenologen vordringlich an Gegenständlichkeiten und nicht an Wesenheiten interessiert sind: der beobachtbare und kontrollierbare Seinswert des sosoziologischen Erscheinungsmerkmals "Kunsterlebnis" bestimmt für uns seine Natur.

b) Veränderlichkeit, Tradition, Abhängigkeit. Indem die nunmehr abzuhandelnde soziale Determinante als Veränderlichkeit angesprochen wird, anstatt den weitaus gängigeren Begriff "sozialer Wandel" zu benutzen, geschieht dies, um eine globale Verlagerung des dem Kunsterlebnis eigenen Individuellen und Kollektiven in eine wie immer geartete Systemgebundenheit zu vermeiden. Aufzuzeigen sind jetzt Faktoren der Beeinflussung und Bestimmung des Kunsterlebnisses, die von außen auf Malerei, Musik oder Literatur zukommen, jene, die in der Forschung als demographische Gegebenheiten oder Variablen gekennzeichnet werden. Besonders dort, wo Kunst- und Kulturstatistik betrieben wird, kommen wir diesen Variablen entgegen. Geschlecht, Beruf, Einommen, Alter, Ausbildung etc. werden mit gegebener Präzision erfragt, korreliert und ausgewertet und an ihnen zum Beispiel Ansteigen oder Rückgang des Theaterbesuchs abgelesen. Dieses Vorgehen hat sich jedoch erst dann als sinnvoll erwiesen, wenn derlei Enqueten Feststellungen über Präferenzen für einzelne Theatergenres hinzugefügt werden, die nicht ausschließlich "geschmacklich" zu analysieren sind. Abgesehen von den üblichen demographischen Faktoren sind sie auch mit anderen sozialen Befunden (Herkunft, Nationalität, Ökonomie etc.) zu korrelieren, da sich dann erst zeigen wird, inwieweit Veränderungen des Kunsterlebnisses sowohl in Quantität als auch in Inhalt hervorgerufen worden sind. Dann auch wird sich in bezug auf das Kunsterlebnis erst zeigen, wo und wie Veränderungen in etablierten Normen des Kunstlebens <u>insgesamt</u> eingetreten sind, die keinesfalls aus der Sicht persönlicher Erfahrungen angegangen werden können.

Mit dieser Feststellung verweisen wir auf einen, wenn man so will, "Gegenpol" der Veränderlichkeit, eine der dynamisch stärksten sozialen Determinanten: die <u>Tradition</u>. Bei ihrer Betrachtung ist davon auszugehen, daß ohne Tradition nie ein Ausgleich zwischen verschiedenartigen Kunsterlebnissen stattfinden könnte. Wenn also, wie es täglich geschieht, fortschrittliche oder progressive Kunstproduzenten durch Polemiken oder durch Verachtung der Tradition bemüht sind, Raum für ihre eigenen Interessen zu schaffen, oder für uneigennützige Tradition als Gegengewicht gegenüber restaurativen

Tendenzen plädiert wird, erweist sich die Tradition allein schon durch solche offensichtlichen Gegensätze als ein im höchsten Grad soziales Phänomen, das als sozial-bestimmend mit in die Veränderlichkeit des Kunsterlebnisses einzubeziehen ist. Wohlgemerkt geht es an dieser Stelle nicht darum, künstlerische Tradition als eine der Formen des sozio-künstlerischen Verhaltens zu analysieren. Aufzuzeigen ist nur die Aktion der Tradition als einer der determinierenden Einflüsse auf das Kunsterlebnis. Die Determinante entsteht bei Produzenten oder Konsumenten durch Vorgänger, entwickelt sich fortschreitend über verschiedene Phasen und erzeugt Veränderlichkeiten des Kunsterlebnisses, die durch Übereinstimmungen oder Widersprüche charakterisiert sind. Sie sind es, die der Aktion der Tradition zugrundeliegen, von der oft gesagt wird, sie stehe der Entwicklung im Wege, von der aber noch nie behauptet wurde, sie auferlege sich mit Gewalt. Das kann auch gar nicht der Fall sein, da es zur Voraussetzung der Aktion gehört, durch das Kunsterlebnis empfangen zu werden. Danach erst kann von jenen Veränderlichkeiten die Rede sein, die dort bestimmend wirken, wo das Vergangene sowohl dem Gebenden wie dem Nehmenden bereits innewohnt.

Ohne einem mechanistischen Determinismus das Wort zu reden, läßt sich nicht verkennen, daß neben und mit den angeführten Veränderlichkeit hervorrufenden, bestimmenden Faktoren noch so manche anderen Gegebenheiten wechselseitige Bedingtheiten konstituieren. Gemeint sind hiermit jene umfassenden Elemente, die unter globalen Bezeichnungen wie Technik, Milieu, Umgebung, Rasse, Mentalität, Nationalität etc. auftreten und in Analysen einbezogen werden. Von ihnen wird gesagt, daß ihr Einfluß auf die Künste und Kunsterlebnisse über Veränderlichkeit hinweg bis zu Abhängigkeit führen. So werden bestimmte nationale Charaktereigenschaften als Abhängigkeitselemente angeführt und z.B. gesagt, daß Musik am erfolgreichsten von lärmenden Nationen gepflegt wird, sich die reservierten Angelsachsen nicht durch bedeutsames musikalisches Schaffen auszeichnen, oder die Franzosen sich mehr für sinnliche Eindrücke als vom Klang herrührende Emotionen interessieren. Es werden anthropologische, biologische und kulturelle Bezugnahmen hergestellt, um dadurch beispielsweise den biologischen Prozeß "Rasse" mit dem sozialen Prozeß Kunsterlebnis in ein determinierendes Abhängigkeitsverhältnis zu bringen. Das gleiche gilt, wenn auf Vererbung, Umgebung oder Elemente der physischen Natur Bezug genommen wird, bei denen zumindest insofern von Abhängigkeit gesprochen werden kann, als sie das Kunsterlebnis stimulieren oder verblassen lassen können. Inwieweit es sich hierbei nur um aus Beobachtungen deduzierte subjektive Eindrücke handelt oder um vorwissenschaftliche Erkenntnisse, wenn das Kunsterlebnis beispielsweise in Beziehung gesetzt wird zu nationalen Mentalitäten, Rassenbewußtsein oder anderen kulturellen Phänomenen, steht hier nicht zur Diskussion.

Noch manche andere sozial bestimmende Elemente des Kunsterlebnisses lassen sich aufzeigen und werden im Zuge unserer weiteren Erörterungen zu erkennen sein. Soweit galt es nur, auf die das Kunsterlebnis mit <u>bewegender Kraft</u> ausstattenden <u>elementaren</u> inneren und äußeren Faktoren hinzuweisen. Wer wie der Empiriker das Kunsterlebnis als soziale Tatsache und damit das sich in sozialen Prozessen verdichtende Sozial-Bewegende in die Mitte seiner Analysen stellt, kann dessen Kraft, seine Herkunft, sein Bestehen und sein Einfluß nicht als eine Selbstverständlichkeit hinnehmen.

II. Die Ziele der empirischen Kunstsoziologie

1. Der totale Kunstprozeß

Wir wiederholen, daß der empirische kunstsoziologische Ansatz von objektiven, unparteiischen, werturteilsfreien Prämissen auszugehen und Tatsachen ohne Vorurteil zu analysieren hat. Die Tatsachen, das heißt weder ein Gemisch aus Ideal und Real, noch als Tatsachen hingestellte Ideen, stellen das Rohmaterial dar. Bei seiner Bearbeitung geht die empirische Kunstsoziologie davon aus, daß Musik, Theater, Literatur etc. und ihre respektiven Erlebnisse zusammenhängend jeweils einen fortlaufenden sozialen Prozeß darstellen, der eine Interaktion zwischen dem Künstler und seiner sozio-kulturellen Umgebung enthält und in der Kreation eines Werkes gleich welcher Art resultiert, das dann seinerseits wieder von der sozio-kulturellen Umgebung empfangen wird und auf diese reagiert.

Dieser Vorgang von Rezeption und Reaktion verdeutlicht sich einerseits durch den (positiven, negativen, ephemeren, dauernden) Eindruck, den das Werk auf gewisse Gesellschaftsgruppen größeren oder kleineren Ausmaßes macht, wobei die Reaktionen dieser Gruppen die Reputation des Werkes und seine Stellung innerhalb der kulturellen Gesamtsituation bestimmen. Andererseits verdeutlichen sich Rezeption und Reaktion dort, wo sie einen gewissen Einfluß auf den Künstler ausüben und seine kreative Aktivität in gewissem Maße bedingen und auch regulieren. Diese einem jeden Gebiet der Kunstsoziologie zugrunde liegende Konzeption zeigt, daß es bei ihrer Arbeit um die Interaktionen und Interdependenzen von Individuen, Gruppen und Institutionen geht und sie damit ihrem fundamentalen Ausgangspunkt entspricht, nämlich vom Menschen zum Menschen zu führen. Erst wenn diese komplexen Beziehungen, denen wir uns noch eingehend zu widmen haben werden, vor uns stehen, lassen sich gewisse Aspekte des Kunstprozesses untersuchen und konkrete Studien über diese oder jene Bestandteile des gesamten sozio-künstlerischen Prozesses anstellen. Das heißt, daß die Analyse von Teilsapekten erst in Angriff genommen werden kann, wenn der totale Kunstprozeß, die Interaktion und Interdependenz von Künstler, Kunstwerk und Kunstpublikum - ohne Übergehen des als soziale Tatsache erkennbaren Kunsterlebnisses - hinsichtlich seiner Bedeutung als Bezugsrahmen erkannt ist. Hierauf gründend, nehmen die Teile des totalen Kunstprozesses und zugleich die Ziele kunstsoziologischer Betätigung Gestalt an.

2. Der Künstler

Der durch soziales Handeln bedingten Kommunikationslinie folgend, präsentiert sich als erstes Ziel der empirischen Kunstsoziologie die Erforschung des Künstlers. Bei diesem Teil des Kunstprozesses interessiert vordringlich die soziale und soziokulturelle Stellung des Künstlers in und zur Gesellschaft, gleich ob es sich dabei um Gruppen der schaffenden oder ausübenden Künstler handelt. Die Interessenfelder dieser Forschungsrichtung umfassen: ethnischer, ökonomischer, edukativer Hintergrund, soziale Herkunft, Wohnort, Lebensstil, Freizeitaktivitäten, soziale Kontakte, Arbeitsgewohnheiten, potentielle, aktuelle Attitüden u.ä.m.

3. Das Kunstwerk

Stets auf den totalen Kunstprozeß ausgerichtet, steht als zweites Ziel die soziologische Erkenntnis des Kunstwerks vor uns: die Untersuchung des oder der Beiträge des Künstlers zur sozio-kulturellen Ordnung. Hierbei geht es nicht um Analysen des Kunstwerks selbst, sondern um die Erfassung der soziokünstlerischen Aktion. Kunst als innere Angelegenheit eines Malers, Dichters oder Musikers besitzt für den Kunstsoziologen ebensowenig Realitätswert wie, sagen wir, die Musik eines vor sich hinpfeifenden Amateurs. Erst wenn sich Malerei, Literatur oder Musik objektivieren, erst dann drücken sie das Etwas aus, das wahrgenommen und verstanden sein will und/oder einen sozialen Effekt hervorrufen soll. Es entsteht eine Interaktion, die zu einem Erlebnis führt, das sich in einem Wort, einer Geste, einem Ton konkretisiert und dann nachgewiesen, geprüft und überprüft werden kann. Auch bei diesem Teil des Gesamtprozesses ist der kunstsoziologische Blick auf offenbare Aktionen gerichtet, von denen um die Künste herum genügend wesentliche Fakten zur Verdeutlichung sozio-künstlerischer Handlungen bestehen.

4. Das Kunstpublikum

Den totalen Kunstprozeß systematisch aufgliedernd, kommen wir zu einem dritten Ziel: der Erforschung des Kunstpublikums. Das soziologische Studium unterschiedlicher Publika - gleich, ob es sich um das eines Schlagersängers oder eines literarischen Avantgardisten beim Konsum und bei der Reaktion auf ein Werk handelt - vermittelt der Kunstsoziologie Informationen über die Arten und Weisen, durch die die sozio-kulturelle Umgebung den Prozeß des künstlerischen Schaffens - im weitesten Sinne des Wortes - konditioniert. Im einzelnen führt dieser Forschungsbereich zu Erkenntnissen über individuelles und kollektives Verhalten beim Kunstkonsum, Beweggründe und Verhaltensmuster zum und beim Beschauen, Lesen, Hören, Zuschauen, über Mode, Geschmack, Kunsterziehung, -wirtschaft, -politik u.a.m.

5. Zusammenfassung

Wir kehren zum totalen Kunstprozeß zurück und fassen die Ziele der empirischen Kunstsoziologie in übergeordneter, einem Leitfaden ähnlicher Weise zusammen. Es zeigen sich dann:
- Erstes Ziel: Die Veranschaulichung des dynamischen Charakters des sozialen Phänomens Kunst in seinen diversen Ausdrucksformen. Hierzu bedarf es einer Analyse der in ihrem Zusammenhang gesehenen Formen des Lebens der Künste, die nicht nach den spezifischen Werturteilen ausgerichtet wird, die die Mitglieder jeder Gesellschaft ihrer besonderen Lebensform unterstellen.

- Zweites Ziel: Die Fundierung eines allgemeinverständlichen, überzeugenden und gültigen Annäherungsweges an das Kunstwerk, indem aufgezeigt wird, wie die Dinge zu dem wurden, was sie sind, wodurch die Veränderungen erkannt werden, die stattgefunden haben und stattfinden.
- Drittes Ziel: Mit Hilfe empirisch erarbeiteter Daten Gesetze der Vorhersage zu entwickeln, die es ermöglichen zu erkennen, daß, wenn dies oder jenes geschieht, wahrscheinlich dies oder das folgen wird.

Zur Durchführung der hier knapp umschriebenen Ziele bedarf es auf sozialen Daten sich gründender Nachweise, die es der Kunstsoziologie wie allen Sozialwissenschaften erlauben, unter spezifischen Umständen gültige Verallgemeinerungen herauszuarbeiten. Hierzu stehen der empirischen Kunstsoziologie eine ganze Anzahl methodologischer Möglichkeiten zur Verfügung, denen sie sich bei ihren Forschungen - je nach dem zuerreichenden Ziel - bedienen kann (siehe hierzu Kapitel VIII, S. 175 ff.).Wenn sich die Kunstsoziologie der Techniken der Sozialforschung bedient oder ihre Analysen strukturell-funktional, typologisch, dialektisch oder interdisziplinär anlegt, um die dem Kunstprozeß zwischen Künstler, Kunstwerk und Empfänger entspringenden, sehr unterschiedlich gelagerten Forschungsobjekte zu erforschen, läßt sich öfter der Vorwurf vernehmen, sie handhabe Methoden, die bei Gelegenheit von aus anderen Gebieten herrührenden Fragestellungen entwickelt worden sind. Bedenken dieser Art kommen meist von seiten derjenigen, denen es eher um die Idealisierung und Mythologisierung der künstlerischen Tat geht, als der Erfassung des Kunstwerkes als einer Leistung sui generis. Wird diese Tatsache zur Kenntnis genommen, dann besteht kein Grund, sich gegen die bedeutungsvolle Suche nach seinem Kontext zu wenden. Daß dies mit der notwendigen Objektivität zu geschehen hat, versteht sich für den Empiriker von selbst und kann eben nur durch die Anwendung eines abgesicherten methodischen Instrumentariums erreicht werden, wo immer es herrühren mag.

III. Die strukturell-funktionale Analyse und ihre Anwendung in der Kunstsoziologie

Wenn der totale Kunstprozeß "Künstler - Kunstwerk - Kunstpublikum" mitsamt dem in dessen Mitte stehendem Kunsterlebnis in Einzelteile zerlegt wird, entspringt dies der breit gelagerten Interessenssphäre kunstsoziologischer Analysen. Im übrigen ergibt sich diese Aufteilung aus dem Verlangen, bei einer systematischen Darstellung wie der vorliegenden Verwirrungen, Vermengungen und Verwischungen von Problemeinheiten zu vermeiden, um eindeutige Annäherungswege an die vielschichtige Problematik aufzeigen zu können. Bevor wir sie betreten und dabei von Kunstproduzenten, Kunstkonsumenten und/oder Produzentengruppen und Konsumentengruppen sprechen werden, ist noch darauf hinzuweisen, daß die im folgenden stattfindende Benutzung des Wortes "Gruppe" uns nicht dazu verführen wird, gruppentheoretische Ausführungen zu unterbreiten, noch einen Beitrag zur bis ins einzelne ausdiskutierten "Soziologie der Gruppe" mitsamt ihren Gruppenklassifikationen zu leisten. Für uns sind Gruppen kurz und bündig eine wechselnde Anzahl von Menschen, die durch einen interaktionalen Prozeß, den Kunstprozeß, in der einen oder anderen Weise miteinander und untereinander verbunden sind.

Nun bedarf eine jede prozessuale Analyse eines methodischen Vorgehens, da sie sich ohne dies hoffnungslos in unentgeltlichen Kontemplationen verlieren würde, dem sich ein Großteil dessen, was sich Kunstsoziologie nennt, in der Tat ausgeliefert hat. Und da dies weder Sinn noch Zweck der empirischen Kunstsoziologie sein kann, bedienen sich die meisten der von ihr hervorgebrachten Studien ergebnisreich dessen, was generell als strukturell-funktionale Analyse bezeichnet wird und in erster Linie dazu dient, sozialstrukturelle Elemente als

Voraussetzung für funktionale Erkenntnisse und Erklärungen zu finden. Dabei liegt es fernab von einer pragmatisch ausgerichteten Kunstsoziologie, die übrigens dadurch erst ihre Bedeutung für das gesamtgesellschaftliche Leben rechtfertigen kann, à propos der Künste auf die Divergenzen und Diskussionen einzugehen, die die strukturell-funktionale Analyse sozialer Probleme als soziologische Theorie und, davon ausgehend, als sozialwissenschaftliche Methode hervorgerufen hat. Die Anwendung der strukturell-funktionalen Denkweise ergibt sich aus einer logischen Notwendigkeit: es ist für die Erfassung der zentralen Tatsache Kunsterlebnis unumgänglich, die um das Kunsterlebnis herum bestehenden, von ihm beeinflußten und es beeinflussenden, es erschöpfenden und verbrauchenden Individuen und Gruppen von Einzelwesen auf ihre mehr oder weniger beständige Assoziation hin strukturell und funktional zu erforschen. Eben weil die Künste weder in einem Vakuum leben, noch aus dem Nichts hervorkommen, sondern gesellschaftsgebunden sind, ist nicht zu verkennen, daß das Kunsterlebnis von einem Organisationssystem umgeben ist. Es reguliert die sich aus Interrelationen, Interaktionen und Interdependenzen ergebenden Aktivitäten und Aktionen der sozio-künstlerischen Gruppen und ihrer Mitglieder, was ihnen überhaupt erst ermöglicht, als Einzelne oder als Ganzes zu "funktionieren". Da dieses Organisationssystem der Struktur der Gesellschaft entspricht, ist zu betrachten, welcher Typen von Aktionen eine spezifische Struktur fähig ist, das heißt: <u>Es werden die Funktion oder Funktionen des spezifischen Strukturtypus analysiert</u>. Wird nun im Rahmen dieses soziologischen Analyseprinzips von Produzent und Konsument, von produzierenden und konsumierenden sozio-künstlerischen Gruppen gesprochen, bedeutet dies weder eine Herabsetzung der Künste auf das Warenniveau, noch eine Ausschaltung ästhetisch oder psychologisch determinierter Schaffens-, Aufnahme- und Rezeptionsvorgänge. Eher wird hierdurch auf mehrseitige <u>Prozesse</u> verwiesen, die sowohl nach den daran beteiligten Gruppen von Personen als auch nach dem Inhalt der einzelnen Prozesse zueinander sich bestimmen. Selbstverständlich bestehen die hier angesprochenen Gruppen wieder aus sozio-künstlerischen Untergruppen, die unterschiedliche Größenordnungen und Verbindungen aufweisen.

Wenn nun gemäß den Zielen der empirischen Kunstsoziologie alle diese Gruppen als soziale Systeme erforscht und in ihren vielfachen Beziehungen ausfindig gemacht werden, soll das nicht bedeuten, daß die Einzelpersönlichkeit, wie sie das kunstwissenschaftliche Biographentum in seinen Arbeiten zentralisiert, zu vernachlässigen ist. Sie findet als aktiver Teilnehmer am Leben der Künste und nicht als Objekt sozialer Kontrolle die ihr zukommende Beachtung, und zwar in der Eigenschaft als Handelnder, der mit anderen Handelnden in Interaktion steht; weniger indes als der große Geist, der über die Jahrhunderte durch seine Einzigartigkeit zur Behauptung der Künste beigetragen hat. Keinesfalls darf die zu Zwecken der Analyse vorzunehmende Trennung zwischen Produzenten- und Konsumentengruppen dazu dienen, ideologische Gedankengänge in bezug auf die Vorteile oder Mängel gesellschaftlicher Systeme vorzutragen, noch mitleidsvoll auf die Künstler zu blikken, die im Dienste von weltlichen oder geistlichen Auftraggebern standen, noch diejenigen zu rühmen, die sich durch gesellschaftliche Ungebundenheit auszeichnen. Schließlich konnte es sich der produzierende Künstler auch als völlig Unabhängiger nie leisten, die Elemente der Konsumtion zu mißachten, es sei denn, er habe darauf bestanden, daß sein Werk nur von ihm und niemandem anders gesehen, gehört oder gelesen werde.

Was hier getrennt dargestellt wird und bei der Analyse kunstsoziologischer Prozesse zu beachten ist, dient als ein methodisches Vorgehen zum Vermeiden eines sich als fehlerhaft erwiesenen Vermengens von normativ geregelten Systemen von Beziehungen zwischen einem bestimmten Individuum und einer Anzahl anderer. Soll beispielsweise die Gruppe "Dichter" als Berufsgruppe nach dem Maß ihrer organisierten Kohäsion erfaßt werden, sowie die Beziehungen zu den ihre Werke gebrauchenden und verbrauchenden Lesern, Interpreten, Bearbeitern, Übersetzern usw., wird offensichtlich, daß zunächst besagte Trennung zwischen Produzenten- und der Konsumentenseite vorzunehmen ist.

IV. Die strukturelle Analyse

1) Strukturelle Komponenten der Produzentengruppen

a) Voraussetzungen

Wenn auch gesagt werden kann, daß Kunst reproduzierenden, nachschaffenden, erläuternden oder organisierenden Menschen bzw. Gruppen ebenfalls ein schöpferisches Element zu eigen ist, ist es um der Systematisierung willen angebrachter, von Produzenten nur als von solchen Personen oder Gruppen zu handeln, die mit Hilfe der künstlerischen Materie die soziale Tatsache Kunsterlebnis kreieren. Dementsprechend werden unter Bezugnahme auf die Natur des Kunsterlebnisses Produzentengruppen als klassische, romantische, moderne, zeitgenössische, experimentelle usw. strukturell eingestuft. Unter Bezugnahme auf die Bestimmung des Kunsterlebnis durch Veränderlichkeit, Tradition und Abhängigkeit werden Produzentengruppen durch die Zielgruppen strukturiert, für die sie schaffen: Mäzene, Kirche, Theater, Fernsehen, Jugendliche, Erwachsene usw. Jede dieser Gruppen hat ihre Nöte und Freuden, hat Anhängerschaften und Gegner. Überdies überschneiden sie sich durch Übergänge von der einen Gruppe zur anderen. Dennoch gilt es, eine derartige strukturelle Aufteilung vorzunehmen und sei es nur, um die sich bei gleich welchem Forschungsobjekt zeigenden Überschneidungen zu verdeutlichen. Worauf es ankommt, ist die Feststellung von Gemeinsamkeiten, die die Struktur sowohl von Produzenten- wie von Konsumentengruppen erkennen läßt. Wie kunstgeschichtliche Darstellungen aufzeigen, war das Gemeinsame manchesmal besonders stark und bindend, manchesmal sehr lose, manchesmal aber auch so verschwindend gering, daß Gruppenzersplitterungen und Gruppenkonflikte die unumgängliche Folge waren. Dabei, so ist zu betonen, brauchen sich Gemeinsamkeiten bei der strukturellen Analyse von Produzentengruppen nicht etwa nur auf gemeinsame Stil- und Ausdrucksweisen der Produzenten zu beziehen, sondern auch auf gemeinsamen Glauben an gefügige und praktische Regeln. Es ist also wenig sinnvoll zu versuchen, das strukturierende Gemeinsame als "dauerhafte Organisation" oder als "Gesamtheit" zu erforschen. Es kann kunstsoziologisch nur durch Komponenten der Struktur erkenntlich werden, die durch interdependente Vorgänge die Struktur der Produzentengruppen von der Abstraktion abheben und zum sozialen Prozeß hinführen.

Ohne uns in theoretische Finessen zu verlieren, sprechen wir von Interdependenz zur Bezeichnung der Beziehungen von sozialen Gegebenheiten in Zeit, Raum und Qualität, von einem sich selbst verpflichtenden, aus sich selbst heraus agierenden Vorgang, durch den Teile eines Ganzen es wegen mangelnder Selbstgenügsamkeit notwendig finden, Beziehungen zu anderen Teilen herzustellen, ohne die es ihnen nicht möglich wäre, zu existieren. Zu unterstreichen ist hierbei das Element der Notwendigkeit, durch das sich - für kunstsoziologische Betrachtungen ausschlaggebend - interdependente Vorgänge und Beziehungen von freiwilligen unterscheiden. Durch das Erkennen der Kraft von Interdependenzen, Teile eines Ganzen eng aneinander zu binden, sozusagen integrierend zu wirken, läßt sich überhaupt erst erklären, warum das von einer gewissen, strukturell genau erfaßten künstlerischen Produzentengruppe hervorgerufene Kunsterlebnis durch die sozio-kulturellen Umstände, in deren Mitte die Gruppe arbeitet, determiniert wird; warum gewisse Themen oder Genre die Publikumsarten, an die sich die Gruppen wenden, beschäftigen, und so zum Mittelpunkt einer spezifischen Produktionsstruktur werden.

Selbstverständlich ließe sich hier auf die alltägliche Einteilung zurückkommen, die von guter, schlechter, elitärer oder populärer Kunst spricht, um von dort aus, wie es oft geschieht, eine strukturelle Analyse der Produzentengruppe durchzuführen. Jedoch kann dies in keiner Weise zu einer realistischen und objektiven Erkenntnis von Produzenten- und Konsumentengruppen führen, um die sich die empirische Kunstsoziologie bemüht. Enthält doch die angeführte alltägliche Aufteilung gerade jene aprioristischen Werturteile, von denen der Empiriker sich fernzuhalten wünscht. Die Erkenntnis interdependenter Vorgänge und ihrer strukturellen Komponenten als einer ordnenden Idee macht es dem Kunstsoziologen möglich, Werturteile zu vermeiden, jene, die in den Kunstwissenschaften zu vielen verwirrenden und wirklichkeitsfremden Fehlschlüssen geführt haben, wie sich z.B. zeigt, wenn ausgeführt wird, daß zwischen Statischem und Dynamischem, zwischen Veränderung, Wirkung und Handlung ein Widerspruch bestehe. Es kann sich der Soziologe nicht auf Ansichten einlassen, die aus Selbsterhaltungstrieb und Lebensmöglichkeiten hervorgegangen sind und proklamieren: Die Künste entwickelten sich nach den der künstlerischen Kreation eigenen Beschaffenheiten sowie in der Fülle des Unvorhergesehenen und Unvorhersehbaren, oder: die künstlerische Kreation sei nicht das Ergebnis kalkulierter Erwägungen, sondern die Kristallisation einer emotionalen Erfahrung; oder: das Neue, welches ein Künstler dem künstlerischen Gedanken zufüge, besitze nur dann Wert, wenn es die Antwort auf Fragen sei, die durch die Evolution eben dieser Gedanken gestellt worden seien.

Aus solchen und ähnlich lautenden Ansichten spricht ein dem Soziologen unwillkommenes Kausaldenken, die Vorstellung von der Kausalität als einer schicksalsmäßig ablaufenden Gegebenheit. Jedoch mittels kausaler Denkweisen sind interdependente ebensowenig wie interaktionelle oder gar funktionale Vorgänge erfaßbar noch erklärbar. Wenn wir also im folgenden das Geflecht struktureller Komponenten der Produzentengruppen darlegen werden, handelt es sich nicht um Prozesse wie beispielsweise den Schaffensprozeß und seine Rückführung auf Kausalitäten wie bewußt, unbewußt, zyklisch oder psychologisch. Es sind Hauptbestandteile aufzuzeigen, wie sie in Interdependenz die um das Kunsterlebnis gescharten sozio-künstlerischen Produzentengruppen strukturieren.

b) Die historische Komponente

Vieles, was dem Blick entspringt, den die Gesellschaft auf die Gruppen der Kunstproduzenten wirft, ist historisch bedingt. Dementsprechend spielt die historische Komponente für Bestimmung und Erkenntnis der Struktur von Künstlergruppen eine beachtliche Rolle. Ohne uns in Einzelheiten zu verlieren, sind die Rückwirkungen dieser Komponente als Teil interdependenter Vorgänge aufzuzeigen.

Bis ins 15. Jahrhundert wurden die meisten der uns heute in Kunst-, Musik- oder Literaturgeschichte als "Künstler" vorgestellten Personen in den Dokumenten der Zeit als Menschen eingestuft, die mit der Hand arbeiten: als Handwerker. Das geht nicht nur aus ihrer Behandlung als Steuerzahler hervor oder aus dem Zusammenschluß in Zünfte und Gilden, sondern insbesondere aus dem Weg, der zur Erlernung des (künstlerischen) Handwerks einzuschlagen war. Eine Lehre war zu durchlaufen, bei der der Jüngling sich mit technischen Vorgängen vertraut machen konnte, um später selbst Aufträge entgegennehmen zu können. Schulen, Akademien etc., kurz gesagt, Ausbildungsstätten privater, öffentlicher oder staatlicher Art mit oder ohne Abschlußzertifikat gab es noch nicht. Und kümmerte sich schon mal ein König, ein Fürst, Statthalter, Bischof oder ein wohlhabender Bürger - vor allem zu Zeiten als das Prinzip von Angebot und Nachfrage die

Gesellschaft zu durchdringen begann - um einen Künstler, dann geschah dies zwar angesichts seines Könnens, was jedoch nicht dazu führte, ihn nun mit besonderem Respekt zu behandeln. Weniger ging es um die Förderung des Malers, Architekten, Musikers oder Dichters, als um die Befriedigung persönlicher Interessen und Wünsche und eventuell auch um die Versorgung der speziellen Kunstform mit einem gewissen Nimbus. Noch heute sehen wir Reste dieser Haltung, wenn wir von der Ernennung eines "Stadtschreibers" lesen.

Immer nur in groben Zügen skizziert, tritt nach Ende des Mittelalters eine von den in den Künsten Tätigen selbst angeführte Tendenz nach vorne, die darauf zielte, ihre Stellung von der des Handwerkers abzugrenzen. Indem sie die aufblühenden Erkenntnisse der Wissenschaften in ihre Arbeiten einbezogen und ihrer Einbildungskraft, ihrem Vorstellungsvermögen sowie ihrem Gestaltungsdrang den Vorrang vor durch Auftraggeber im vorhinein festgelegte reale Wünsche einräumten, traten sie dem "Manuellen" durch das "Intellektuelle" entgegen. Von dieser Gegensätzlichkeit - Beherrschung des Handwerks und Imagination - zehrt noch heute die Künstlerschaft, wenn sie um Anerkennung und Festigung ihrer Struktur kämpft. Mit diesem Wandel, der unter anderem auch dadurch zum Ausdruck kam, daß die Künstlerschaft begann, die Wahl der Sujets, der Formen, des Stils, der Klänge, der Farben und der Diktion selbst zu bestimmen, vollzog sich auch die Loslösung von den durch Regeln und Vorschriften geleiteten Gilden, Zünften und sonstigen, die Künstler und das Kunstleben strukturierenden Assoziationen und Organisationen. Ein durch die Französische Revolution von 1789 zum Durchbruch gelangter vielseitiger Freiheitsbegriff begann sich motivierend in den zahlreichen Aspekten des sozialen Lebens festzusetzen, um bei den schaffenden Künstlern die Fahnenstange für materiellen und immateriellen <u>Individualismus</u> in den Boden ihrer Existenz und ihrer Struktur zu rammen.

Erneut wandelte sich die historische Komponente, von der einzelne Bestandteile stets noch die heutigen Strukturen bestimmend beeinflussen. Abseits aller sozialphilosophischen Erwägungen richten sich die Produzenten nunmehr auf ein auf sich selbst bezogenes individualistisches Stützwerk ein, das sie zum Wesensmerkmal ihres Wertes und ihrer Bedeutung für ihre Künste macht. Nur noch die eigene individuelle schöpferische Absicht und Kraft ist dem Künstler Hekuba, um die er weint, wenn sie von der Gesellschaft nicht anerkannt und gebührend honoriert wird. Denn jetzt, da er sich von Zwängen aller Arten befreit glaubt, sieht er sich strukturell nach innen wie nach außen als eine Art "Prophet", der, mit dem Privileg, der idealistischen Wahrheit nahezustehen, ausgerüstet, in der Lage ist, diese durch Töne, Farben oder Worte zu konkretisieren und zu gestalten, Der unerschütterliche Glaube dieser Gruppen an die Gabe, ihre schöpferischen Absichten zu verdeutlichen, verlieh ihnen bis ins 19. Jahrhundert eine, man darf wohl sagen, quasi übermenschliche Position, wie die Ästhetiker nie zu betonen müde wurden, wenn sie von "Übereinstimmung der Welt mit sich selbst", von "Selbstvollendung der Welt", von "Willenseinheit", "Willenserfüllung" oder "Dichterfürsten" sprachen.

Als sich nun der Blick der Gesellschaft immer nachdrücklicher auf die Produzentengruppen zu richten begann, sei es angesichts ihrer Kreationen, ihrer Äußerungen, ihres Gehabes, ihrer Lebensweisen oder ihres lautstark verkündeten Beitrags zum kulturellen Fortschritt ihres Volkes, traten bei ihnen deutlich drei Haltungen gegenüber der sich aus gleich welchen Gründen um sie bemühenden Gesellschaft oder deren Repräsentanten nach vorne: Erstens eine betonte soziale Abgeschiedenheit von der Gesellschaft; zweitens eine mehr oder weniger geringschätzige Einstellung gegenüber der Gesellschaft; drittens das Bestehen auf ein absolutes Recht der Selbstbestimmung, darunter auch ein Sichhinwegsetzen über alle Gesetze des wirtschaftlichen Wettbewerbs. So anachronistisch auch die aus der romantischen Epoche überlieferten, von glorifizierenden Besonderheiten und Einzigartigkeiten des Künstlers abgeleiteten Begriffsinhalte wie Selbstausdruck, Selbstbestimmung und Integrität der Inspiration in des Soziologen Ohren klingen mögen, sie werden nach wie vor bemüht, und so auch die Aussagen von künstlerisch Schaffenden, es sei ihnen absolut gleichgültig, was Hörer, Betrachter oder Leser von ihren Werken denken. Daß hier bewußt oder unbewußt, gänzlich oder teilweise die Unwahrheit gesprochen wird, geht schon allein aus ihrem Interesse an strukturierende Zusammenschlüsse in Gewerkschaften, Komitees, Verbände und Rechtsvertretungen hervor. Im übrigen wissen die diversen Produzentengruppen sehr wohl, daß sie sich angesichts des Wandels der hier skizzierten historischen Komponente im Vergleich zu früheren Zeiten derzeit weitaus unmittelbarer und freier entfalten können. Anzumerken ist noch, daß diese nach allen Richtungen sich bewegende Möglichkeit nicht irgendwie aus dem Nichts kommt, sondern strukturell durch eine Gesellschaft bedingt wird, die, dem Freiheitsgedanken verpflichtet, das Künstler-Sein nicht nach der Berechtigung des Führergedankens in der Inkarnation des für sie gesellschaftsfremden Künstlers beurteilt, noch nach der Berechtigung einer Revolte gegen oder ein Eintreten für eine wie immer geartete Ideologie.

c) Die technologische Komponente

Wir kommen zu dem nächsten strukturbestimmenden Element, das wir als die technologische Komponente bezeichnen wollen. Gemeint sind hiermit alle Teile der werkzeugmäßigen Ausrüstung, mit denen Künstler ihre Produkte herstellen, berichtigen und dem Verlangen der Epoche und der Gesellschaft, in der sie leben, anpassen, die Mittel also, die diese Gruppe zeit- und gesellschaftsgebunden macht. Was hier angesprochen wird, sind althergebrachte Einsichten. Wird doch bei der Bestimmung sozio-künstlerischer Zusammenhänge oft genug auf sie Bezug genommen: Beim Dichter und Schriftsteller auf Einsatz und Entwicklung des Buchdrucks, des Taschenbuchs oder der elektronischen Medien; beim Musiker auf den Weg, der von der Gestaltung der Notenschrift, über die Hervorbringung des uns heute bekannten Klaviers bis zur Nutzung elektronisch erzeugter Klänge reicht; in den bildenden Künsten auf die Nutzung von Ölfarbe, Pinsel, Spachtel, Klebstoff, bis zu Video; beim Theater auf Beleuchtungs- und Stimmungseffekte durch die Handhabung von Kerzen, Gaslicht, Elektrizität und Maschinerien. Weniger vernehmlich wird allerdings darauf verwiesen, daß die werkzeugmäßigen Ausrüstungen, diese, wie es heißt, unbeseelten, leblosen Mittel der Produzentengruppen - wohlgemerkt in Interdependenz mit den anderen Komponenten - die Struktur der Mitglieder der diversen Gruppen in einem gewissen Grad leiten, bestimmen und verändern. Deutlich erkennen wir diese Reichweite dort, wo wir mit fortschreitender Entwicklung der künstlerischen Werkzeuge immer öfter Diskussionen entgegenkommen, die, mit positiven oder negativen Akzenten versehen, das Verhältnis von Technik und Ausdruck, Technik und Ästhetik, Technik und Wahrnehmung, Technik und Klang usw. problematisieren, unterschwellig dabei auch stets das Verhältnis von Technik und Produzent, vielfach unter Verkennung der Herkunft der meisten technologischen Elemente aus einem System von Techniken.

Schon seit dem Eintritt in die Zeit des Merkantilismus, sicherlich aber seit der Industrialisierung - beide Bewegungen sich mit Vorbedacht neuer Technologien bedienend, wenn nicht gar auf sie gründend - kommen uns Erörterungen über die Dämonie der Technik, die Versklavung des Menschen durch die Technik, die Erniedrigung der menschlichen Lebensweise durch die technologischen Kräfte zu stumpfer Monotonie etc. mit Regelmäßigkeit entgegen - Aussagen, die im Felde der Künste "Mechanisierung der Künste" und im Bereich der Künstler "zerfressender und erniedrigender Einfluß der Technologie" lauten. Wenn sich diese Abmahnungen auch nicht als realistisch erwiesen haben, so berühren sie doch in ihrer Eigenschaft als Schreie der Angst oder Hilflosigkeit die Produzentengruppen und ihre Struktur. Diese Gefühlsregungen sind die gleichen, die sich zu jeder Zeit gegen neue technische Erfindungen und ihren Einsatz gerichtet haben, gegen die Eisenbahn, den Rundfunk, das Fernsehen oder die Atomkraft. Leicht geht in ihrer Folge der Glaube an Kunst und Künstler verloren, und eine Verdüsterung des Blicks in die Zukunft macht sich breit. Wohlfeiler Aberglaube erhebt sein Haupt, und so sehen wir entlang der gesamten Geschichte der Künste wie sich die Menschen in die Hände jener kurpfuschenden, heute längst vergessenen Kunstepigonen überantworten, die durch ihre Gaukeleien die Struktur der Künstlerschaft über Jahrzehnte hin unterminiert haben.

Auch heute noch fehlt es angeseichts der strukturierend wirkenden technologischen Komponente an einer Erklärung , Erläuterung und Bekräftigung des Glaubens an die Kunst, an die sie Schaffenden und an ihre Bedeutung im gesamtgesellschaftlichen Sein. Denn die inzwischen zur Selbstverständlichkeit gewordene Erkenntnis, daß Technologie jedem Mitglied der Gesellschaft hilft, beisteht und zu Diensten ist, wird von selbsternannten Kunstpäpsten, wie sie zu jeder Epoche aufgetreten sind, durch Diskussionen über die Berechtigung dieser oder jener Techniken im künstlerischen Schaffensprozeß so stark überschattet, daß der Einzigartigkeit und Beständigkeit der Künste und damit verbunden den kunstproduzierenden Gruppen Schaden angetan wird. Dabei ist nicht zu übersehen, daß auch innerhalb dieser Gruppen oft genug Wortführer auftreten, die in Aussagen, Schriften und Pamphleten gegenüber der technologischen Komponente ihrer Struktur eine kämpferische Haltung einnehmen. Meist entpuppt sich jedoch bei näherer Betrachtung ihr als selbstlos dargestelltes Agieren als eine Art von Verdunkelungsstrategie, indem die Unfähigkeit, Werke zu produzieren, die nicht nur aus Geschicklichkeit, Fleiß und Schweiß bestehen, auf von der Gesellschaft aufgefangene und institutionalisierte Technologien abgewälzt wird. Eine solche Haltung hat stets dazu geführt, gewisse Kunstproduzenten als über der Gesellschaft schwebende "Verkünder ewiger Wahrheiten" als anmaßend zu entlarven. Vor allem, wenn sie mittels furchterregender Fachausdrücke darauf beharren, sich durch die undurchsichtige Darlegung technischer Systeme und Methoden eine Struktur aufzubauen. Anstatt nur eingeweihten Kreisen verständliche technologische Probleme und Begriffe abzuhandeln, wäre es ihrer strukturellen Beschaffenheit dienlicher, in Wort und Schrift das hinter den Begriffen stehende Wissen zu verbreiten, wenn nicht gar zu popularisieren, Anders als in vergangenen Zeiten, als hierzu noch keine solch ergiebigen Kommunikationsmittel bestanden wie sie derzeit zur Verfügung stehen, ist es heute an den Produzenten selbst, neue künstlerisch-technologische Erfahrungen und Wissen zu verbreiten, um nicht zu monströsen Unikums gestempelt zu werden und ihre Struktur fragwürdig zu machen. Es genügt einfach nicht - wie zu den Zeiten des Auftretens eines Wagners oder eines Debussys, eines Kandinskys oder eines Oskar Schlemmers, eines Marcel Prousts oder eines Gottfried Benns davon zu sprechen, daß sich die Kultur und somit auch die Künste durch ihren Willen zum technischen Fortschritt definieren. Dem strukturellen Effekt der technologischen Komponente kann nicht die Verantwortung für "Probleme", "Übel" oder "soziale Nöte" zugeordnet oder gar zugeschoben werden; sie ist ein neutraler Faktor.

d) Die mentale Komponente

Durchsieht man Analysen von Künstlern in Vergangenheit und Gegenwart, stößt man unweigerlich auf Ausführungen, die sich der "Selbsteinschätzung" oder, wie seit dem Eindringen psychologischer Bedeutungsfärbungen in alltägliche Obliegenheiten gesagt wird, dem Selbstverständnis des Künstlers zuwenden. Dort lesen wir vom "Dienst an der Kunst", vom "Drang zum Machen", von "produktiver Phantasie", von "Verlangen nach

Teilnahme", "kritischer Auseinandersetzung" und anderen mehr oder minder nachvollziehbaren Gedankenfolgen und Ideenassoziationen. Sie weisen allesamt auf die mit den anderen strukturellen Elementen in Verbindung stehende mentale Komponente hin, auf die geistige und ideologische Ausrüstung der künstlerischen Gruppen, auf die mentalen Beschaffenheiten und Prozesse, an die Kunstproduzenten glauben, sowie auf die Arten und Weisen, wie sie mit Bezug auf ihre Kreationen und Interpretationen denken. Was angesprochen wird, ist also nicht etwa ein spezifischer Kunststil, sondern der Gedanke, der hinter dem Stil liegt und als solcher die Strukturen mitbestimmt. Wer immer sich darauf beruft, aus dem Stil selbst strukturelle Maßstäbe abzuleiten, geht damit fehl. Wird dennoch darauf Bezug genommen, und das geschieht seit den Zeiten sich vollziehender Stilwandlungen in Musik, Malerei oder Literatur, dann wird die von der mentalen Komponente geleitete Struktur in ein haltloses Gemengsel verlagert, das zu nichts anderem führen kann als zur Untergrabung besagter Struktur.

Geistige Fähigkeiten wie Gedächtnis, Einfallsreichtum, Talent, Formgewandtheit, Energie, Durchschnittlichkeit, Kombinationsgabe und ähnliche Gegebenheiten sind für den Soziologen nicht mehr als primitive Stützkonstruktionen. Sie mögen zur Bewertung exzeptioneller mentaler Leistungen dienen, nicht aber als Anhaltspunkte für strukturelle Erkenntnisse. Hierzu ist auf den künstlerischen Glauben zurückzugreifen, auf die künstlerische Vorstellungs- und Gedankenwelt, auf das Wesen des wahren Künstlers, das sich nirgend besser umschrieben findet als in E. FRIEDELLS "Kulturgeschichte der Neuzeit", wo es heißt, daß es darin bestehe, daß er alles versteht, allen Eindrücken geöffnet ist, zu allen Daseinsformen Zugänge hat, daß er eine enzyklopädische Seele besitzt (1927, S. 191). In der Tat, Erkenntnis und Wissen um Glauben, Vorstellungs- und Gedankenwelt des oder der Künstler verleihen die Möglichkeit, den Einfluß auf die Struktur durch das, was wir die mentale Komponente bezeichnen, zu erfassen. Um hier einige Beispiele anzuführen. Da steht zu jeder Epoche der Geschichte der Künste die Struktur jener Künstlergruppen vor uns, die wir im rechtschaffenen Sinne des Wortes als reaktionär ansprechen können: Sie streben zu einer vergangenen Zeit zurück oder zumindest zu dem, was nach ihrer Vorstellung und ihrem Glauben die vergangene Zeit gewesen sein muß. Dann kennen wir die Struktur derjenigen Gruppen, die von dem Gedanken einer Beibehaltung des Status quo geleitet sind: Sie leben und schaffen um der Verewigung der künstlerischen Dinge willen, so wie sie sind, und scheuen nicht davor zurück, auch das Veraltete und Untunliche zu erhalten. Als nächstes finden wir die durch Elemente der mentalen Komponente strukturierten Gruppen, die einer freisinnigen und gemäßigten künstlerischen Gedankenwelt angehören: Sie achten das Vergangene und tragen es vorsichtig zu Grabe, oder lieben das Gegenwärtige und versuchen es mit Vorsicht umzubilden. Sie stehen zwischen den reaktionären und radikalen Gruppen, die ohne Unterton der Mißachtung als Utopisten oder Schwärmer in Erscheinung treten: Sie sind die Verfechter des dauernd Neuen und immer wieder Neuen. Noch weitergehend läßt sich zur Exemplifizierung des bestimmenden Einflusses der mentalen Komponente auf Produzentengruppen verweisen, die nur von der Gedanken- und Vorstellungswelt des Praktischen und dem Glauben an Sicherheit und Sorglosigkeit geleitet sind; beispielsweise diejenigen, die in ihren Werken geschmäcklerisch und politisch diktierten Formeln Ausdruck verleihen. Ferner läßt sich von einer Gruppe sprechen, die vom Glauben an neue Erfahrungen, von hedonistischen Impulsen und einer Gedankenwelt des Unbeständigen und des Fahrigen ihre Struktur herleitet. Darunter fallen z.B. diejenigen, die von einer Auseinandersetzung mit transzendentalen Dingen ausgehen oder sich generell auf die Verabscheuung von Exklusivität und Dogma berufen. Und schließlich ist die breitgelagerte Gruppe derjenigen zu erkennen, die, schlechthin durch den festen Glauben an die kreative Tätigkeit geleitet, zu künstlerischen Evolutionen und Veränderungen beitragen, ohne vergangene bzw. althergebrachte Formen unnachgiebig von der Hand zu weisen. Bleibt darauf aufmerksam zu machen, daß sich die hier vorgelegten, der mentalen Komponente entspringenden Strukturen überschneiden und sich miteinander vermengen können. Schließlich weist uns unser Wissen um das Psychologische in der Persönlichkeit darauf hin, daß sich die Gedankenwelt der Wirklichkeit nicht immer von der des Wesens scheidet, sondern sich oft in einer Weise deckt, daß ein Total der Wirklichkeit entsteht.

e) Die wirtschaftsorganisatorische Komponente

Die wirtschaftsorganisatorische Komponente umfaßt, mit den anderen Komponenten in Interdependenz wirkend, alle Teile der zweckmäßig unternehmerischen Ausrüstung der Künstlergruppen zur Produktion von Werken, als auch alle organisatorischen und wirtschaftlichen Mittel zu deren Entfaltung und Verbreitung. Obwohl diese "materialistisch" ausgerichtete Aussage in hunderten von Stellungnahmen und Verhaltensweisen einzelner Künstler angesprochen und überliefert worden ist, fand man es doch angesichts einer Verachtung des Künstlers als Gnadenbrot empfangender Nichtsnutz oder einer an Vergötterung grenzender Hochschätzung bis in unser Jahrhundert hinein allzu "profan", um sich mit ihr auseinanderzusetzen. Erst als die Kunstproduzenten begannen, ihr Schaffen als erdgebunden kundzutun und nicht länger mit Thesen jonglierten, die glauben machen sollten, daß sie nur ausdrücken, was sie leben, und höchst intensiv das leben, für das sie am meisten empfindungsfähig seien, erst dann fiel auf sie das grelle Licht einer an materialistischen Gegebenheiten interessierten Gesellschaft. Indem wir systematisiert einzelne der wesentlichen Elemente der wirtschaftsorganisatorischen Komponente aufzeigen, wird nicht in volkswirtschaftliche Erörterungen eingetreten. Ohne eine Rangfolge zu etablieren, kennen wir als erstes das zwangs-organisatorische Element (beispielsweise Zünfte, Gilden, Reichsmusikkammern, Staatsakademien, Gewerkschaften), das sozusagen die "Erlaubnis" zur Produktion und damit wirtschaftliche Existenzmöglichkeit gewährt. Ihm gegenüber steht das freiwillig-organisatorische Element, das im Gegensatz zu erzwungenen Assoziationen die Entwicklung spontaner Gebilde erlaubt. Beide diese strukturbildenden Elemente stützen sich seit Jahrhunderten auf die gleichen organisatorischen Wesenszüge. Entweder handelt es sich um geplante Bestandteile, die meist von der Tradition herrühren und wie ein Programm überliefert werden ("So war es - so ist es - so soll es bleiben"), oder um geordnete (nicht: angeordnete) Bestandteile, womit die Bindung an eine Organisation gemeint ist, eine Problematik, die zu Feststellungen geführt hat, nach denen es nicht das Individuum, sondern die Organisation sei, die produziert, um damit das sog. "Teamwork" hervorzuheben. Einzeln oder koordiniert beeinflussen sie die Produktion des schaffenden Künstlers in einem Maße, daß er sich im Angesicht von Praktiken findet, die dem strukturbildenden Element des Brauches entweder entsprechen oder zu ihm in Widerspruch stehen. Sie setzen sich in der einen oder anderen Weise einzeln, gemeinsam oder in Wechselwirkung aus Gegebenheiten wie Schichtung, Führung, Hierarchie, Schule, Clique usw. und auch Handlungsweisen zusammen. Die meisten unter ihnen werden bei der Betrachtung der wirtschaftsorganisatorischen Komponente als Selbstverständlichkeiten hingenommen, zumal es sich hierbei um latente prozessuale Vorgänge handelt. Anders ist es jedoch um drei manifest in Erscheinung tretende Bestandteile bestellt, nämlich Beruf, Bürokratie und Reglementierung.

Unter den beruflichen Bestandteilen sind zunächst solche zu verstehen, die professionelle Kunstproduzenten von den Amateurproduzenten unterscheiden. Und zwar geht es hier um Codices technischer, ethischer und moralischer Art, um vorteilhafte und nachteilige, öffentliche und private Regeln, die - ohne Einbeziehung sozialpsychologischer Faktoren - die Struktur der Produzentengruppen in ihrer Eigenschaft als Angehörige einer Berufsschicht erkennen lassen. Es geht nicht, wie in verwirrender Weise in diesem Zusammenhang öfter erwähnt wird, um die Professionalisierung des Künstlers und deren bestimmende Faktoren. Dort, wo wie beispielsweise in Statistiken über Erwerbspersonen angeführt wird: "Beruf: Kunstmaler" oder "Beruf: Komponist", rührt sich beim Anblick solcher Zusammenstellungen stets noch das bildungsidealistische Herz aus jenen Zeiten, als das nur in der deutschen Sprache mögliche Anklangsspiel zwischen "Beruf" und Berufung" zum untertönigen Gegensatz erhoben wurde. Als wirtschaftsorganisatorische Komponente der Struktur ist und bleibt Malen oder Komponieren ein Beruf, was sich abgesehen von allen Kategorisierungsversuchen allein schon daraus ergibt, daß die Mitglieder dieser durch die angeführten Komponenten strukturierten Gruppen die endgültigen Beurteiler in Sachen der ihre Sparte betreffenden künstlerischen Technik sind und ihre eigenen erzieherischen Vorrichtungen lenken, bzw. orientieren. Wird in diesem Zusammenhang zwischen "Nur-Maler"- und "Auch-Maler"'Gruppen unterschieden, zwischen "Nur-Komponisten"- und "Auch-Komponisten"-Gruppen - vor allem, wenn es um gesetzliche Absicherungen und ökonomische Vor- und Nachteile geht - dann geht das Strukturelle eher zurück auf den relativen Rang oder Stand einer Person innerhalb einer Gruppe.

Dem <u>bürokratischen</u> Bestandteil der Komponente, von der wir hier handeln, sind Attribute wie z.B. Leistungsfähigkeit, Wirksamkeit, Beschleunigung, Verlangsamung, Verknöcherung, Versäulung oder die Tendenz zum Statischen eigen. Vor allem spielen in diesem Rahmen die unzähligen, gar nicht alle anzuführenden nationalen und internationalen Assoziationen, Organisationen, Institutionen und Kulturpreise verleihenden Gesellschaften und Vereine angesichts ihres "behördlichen" Aufbaus und Verhaltens eine Rolle, wenn es um Hilfestellung, Beistand, Handreichungen zur Strukturierung und auch der Förderung, Begünstigung und Befürwortung der künstlerischen Produktion geht. Da diese Aktivitäten in ihrer assoziierten Form bekanntlich "Gelegenheiten" bieten und überdies durch Spezialisierungen konkurrenzlos sind, können sie der wirtschaftsorganisatorischen Komponente bürokratische Haltungen und Inhalte verleihen, die direkt oder indirekt ihren Einfluß auf die Struktur ausüben.

In der Nähe des bürokratischen Bestandteils liegt, was wir als Reglementierung bezeichnen. Sie verlangt nach Einzel- oder Gruppeninitiativen und führt zu jenen Cliquen-, Schulen-, Zellen- oder Gruppenbildungen, zu jenen "pressure groups" und dem, was wir heute "Lobbys" nennen, wie sie die gesamte Geschichte der Künste durchziehen. Dieses "Grüppchenwesen", ein durchaus menschlicher Pfosten in der Wohnstätte des Existenziellen, darf als strukturierender Einflußbereich im Wirtschaftsorganisatorischen nie als geringfügig angesehen oder gar übergangen werden, wenn es auch nicht immer leicht ist, sein Auftreten zu fixieren. Bewegt es sich doch mit Vorliebe im Geheimnisvollen, im Verschwiegenen und Unbemerkbaren, es sei denn, es produziert Legenden, die durchaus zu einem strukturellen Attribut werden können.

Bleibt als letztes vom oft diskutierten Mäzenatentum und seinen strukturierenden Eigenschaften zu sprechen, ohne daß diese etwa denen des römischen Ästheten Gaius Cilnius Maecanas, dem großzügigen Patron und Gönner der Künste, gleichkämen. Schließlich dürfte es nicht schwer fallen zu erkennen, daß der historische Wandel, den die europäischen Gesellschaften seit den Tagen des Römers durchlaufen haben, einschneidende Veränderungen in den Beziehungen zwischen Künstlern und Kunstinteressenten hervorgerufen hat und daß augenfällige Verschiebungen in bezug auf fürstlichen, kirchlichen, staatlichen, privaten, kollektiven und öffentlichen Beistand stattgefunden haben. Es zeigen sich hier die Veränderungen in der sozialen Struktur der Gesellschaft wie in der der Produzentengruppen, die eine Abhängigkeit und eine Verkettung hervorrufen, bei der jedes Individuum und jedes kulturelle Element durch das, was es für andere Individuen, für andere kulturelle Elemente und für die Allgemeingestaltung der Gesellschaft bedeutet, bestimmt wird.

2. Strukturelle Komponenten der Konsumentengruppen

a) Voraussetzungen

Es werden sich im Verlaufe der nunmehr folgenden Darstellung der strukturellen Komponenten der Konsumentengruppen gewisse Wiederholungen zeigen, die aus zwei Gründen nicht zu vermeiden sind. Erstens darf nicht der Eindruck erweckt werden, das hier aufgezeigte analytische Vorgehen werde zum Dogma erhoben, was bekanntlich jedwedem empirisch ausgerichteten soziologischen Denken und Forschen widerspräche. Zweitens würde eine lineare Gleichartigkeit dazu verführen, die bereits mehrfach angedeuteten Veränderlichkeiten des das Kunsterlebnis hervorbringenden sozio-kulturellen Prozesses übergehen. Aus diesen Gründen rechtfertigt sich zudem die abstrakte Trennung von Gruppen sowie die womöglich als artifiziell anmutende Strukturierung nach interdependenten Komponenten - eine Notwendigkeit, die dem Kunstsoziologen geboten ist, will er der Aufgabe gerecht werden, das Leben der Künste, ihr Universum zu erkennen und zu durchforschen.

Natürlich ist es einfacher darüber zu sinnieren, daß sich die Künste doch erst allmählich aus des Ganzheit des Lebens losgelöst hätten oder zu einer Angelegenheit von Kennern, Eliten, Amateuren oder des Pöbels geworden seien, womit unterstellt wird, damit habe man die Struktur der Konsumentengruppen erfaßt. Auch ist es einfacher davon auszugehen, daß sich der praktikable Hintergrund aller Kunsterscheinungen dadurch erweise, daß sie gelesen, gehört, betrachtet werden. Feststellungen dieser Art mögen wohl zutreffend sein, jedoch wenig erfaßbar, wenn bedacht wird, daß wir in einem Zeitalter leben, in dem angesichts technologischer Verbreitungsmittel quantitativ gesehen eine solche ungleiche Anzahl von Kunsterlebnissen zustande kommt, daß ihre sozio-kulturellen Wirkekreise fast unübersehbar geworden sind. Noch vor hundert Jahren stand das Thema "Kunst und Kultur" in all seinen Varianten nur höchst selten zur Diskussion; heute vergeht kein Monat, ohne daß hier oder dort über den "Untergang der Künste, des Kunstlebens, der Kultur" gejammert wird. Ob hilferufend oder anklagend hütet man sich meist dabei, mit dem Herkömmlichen zu brechen und hofft,eine Lösung des Dilemmas möge aus den Künsten selbst hervorgehen. Das Gesamt wird nicht gesehen. Es kann auch nicht gesehen werden, wenn es nicht zunächst in seinen Einzelheiten und Bestimmungsfaktoren je nach den gesellschaftlichen Umständen und Situationen analysiert worden ist. Wenn heute von der Unaufhaltsamkeit der Verwandlung von Volk in Publikum und Masse die Rede ist (K. JASPERS), dann bedeutet dies noch lange nicht, daß Masse ein Endgültiges ist. Auch die Struktur von Konsumentengruppen (ebenso wie die der Produzentengruppen) enthält nichts Endgültiges, wohl aber <u>Gemeinsamkeiten</u>, an denen wir sie erkennen.

Als Ausgangspunkt der Analyse dient uns auch hier wieder die soziale Tatsache Kunsterlebnis, die auf der einen Seite die Konsumentengruppen gestaltet, auf der anderen die Quelle von Aktivitäten ist, die entsprechend ihren Komponenten strukturell verschiedenartige Gruppen miteinander in Verbindung bringt. Da das soziale Band im Innern der Gruppen gelegen ist, bestimmt es die spezifischen Konsumentengruppen von innen, das heißt für uns vom Strukturellen her. Das ist überdies der Grund, weswegen sich die Strukturanalyse von Konsumentengruppen <u>unabhängig</u> von kreativen Prozessen abspielt.

Was sich psychologisch in einer Person ereignet, wenn sie, wie es heißt, ein Kunstwerk in sich aufnimmt, es interpretiert oder rekreiert, ist nicht Sache der strukturellen Analyse: auch Interpreten, Publika, Assoziationen und Institutionen "konsumieren" das Kunsterlebnis und sind daher bei der Erfassung ihrer Struktur als Konsumenten anzusehen. In diesem Sinne sind auch die Komponenten ihrer Struktur zu erfassen und zu analysieren.

b) Die technologische Komponente

Zu der technologischen Komponente gehören alle Mittel, durch die eine Konsumentengruppe das Kunsterlebnis ordnet, berichtigt und anpaßt. Es verkörpert sich strukturierend eine technologische Komponente in den auf die Künste bezogenen technologischen Voraussetzungen zur Konsumtion des Kunstwerkes durch unterschiedliche Gruppen, die zur Herstellung des Kunsterlebnisses beitragen. Der hier augenscheinliche Dualismus entspringt der kunstsoziologischen Denkweise, von der zu Beginn unserer Ausführungen gesagt wurde, daß es vordringlich der Mensch in seinem sozialen Sein ist, um den sich der Soziologe bekümmert. Drum ist zu sagen, daß die Gruppen, in denen sich die technologische Komponente verkörpert, durch diese strukturiert werden. Zum Beispiel bei der Analyse von Gruppen, die generell als Interpreten angesprochen werden, ist dies von Bedeutung, da sich hierdurch die sich durch das Kunstwerk anbietende Vielfältigkeit interpretativer Auffassungsmöglichkeiten bei einer strukturellen Analyse, und zwar nur bei dieser, von selbst ausschließt. Es geht nämlich bei Strukturanalysen nicht an, beispielsweise eigenschaftlich von einer Aufteilung nach Talent oder Begabung auszugehen.

Ohne auch nur einen Augenblick zu übersehen, daß die diversen Komponenten bei den Konsumentengruppen ebenso wie bei den Produzentengruppen in einem interdependenten Verhältnis zueinander stehen und sie hier nur um der forschungsmethodischen Erkenntnis willen auseinandergezerrt werden, stehen wir (ohne Etablierung einer Rangordnung) als erstes der sich interpretativ betätigenden Amateurgruppe gegenüber. Das Ausmaß ihres technischen Könnens, ihre Beweggründe als Sonntagsmaler, als Popsänger, als Filmer oder Schauspieler bestimmt ihre Struktur ebenso wie beispielsweise die Wahl eines Akkordeons zum Musizieren anstatt einer Gitarre. Anders ist es um diejenige Konsumentengruppe bestellt, die es ihr mittels der strukturierenden technologischen Komponente erlaubt, das Kunsterlebnis professionell zu ordnen, zu berichtigen und/ oder anzupassen. Als professionelle Interpreten beherrschen sie die zur Durchführung ihrer Betätigungen technischen Voraussetzungen bis hin zur Spezialisierung als Charakterdarsteller, Feuilletonist, Unterhaltungsmusiker oder Operndirigent. Dabei ist in bezug auf die Strukturierung durch die Komponente zu bemerken, daß sich die Spezialisierung nicht etwa nur auf das Kunsterlebnis beschränkt, sondern auch die Attitüden bestimmt. Das heißt, daß es die Struktur der Gruppe ist, die vielen sich auf die technologische Komponente gründenden Lobgesängen, Angriffen und Diskussionen ausgesetzt ist. Die Starinterpreten mit ihren Reisen, Villen, Flugzeugen, Sekretären und der sie umgebenden Publizität unterscheiden sich strukturell von denjenigen, die im kleinen Ort oder nur in einem einzigen Land ihre werkzeugmäßige Ausrüstung dazu verwerten, das Kunsterlebnis zu ordnen. Anders als der einzelne gruppenspezifisch strukturierte Interpret sind diejenigen zu sehen, die durch ihre Mitgliedschaft in einer Assoziation strukturiert werden. Es ist die Stellung, die eine Person innerhalb einer Assoziation - einer Schauspieltruppe, einem Orchester oder irgendeiner Gruppe, die ein gemeinsames Interesse verfolgt, ohne dauerhaften Charakter aufzuweisen - einnimmt. Hier zeigt sich in aller Deutlichkeit der eben angesprochene Dualismus: einmal, was die Stellung des Einzelnen <u>innerhalb</u> der Assoziation betrifft, und zum anderen seine Stellung <u>durch</u> die Assoziation.

Daß auch Gegebenheiten wie Hören, Lesen, Betrachten als technologische Komponenten zur Aufnahme von Musik, Literatur und darstellender Kunst primär die diesbezüglichen Gruppen strukturieren, braucht nicht sonderlich erwähnt zu werden. Die Unterschiedlichkeit zwischen Konsumenten gedruckter und oraler Literatur, zwischen hohen und niederen Stimmlagen, Abbildung und Original usw. und ihrer diesbezüglichen strukturellen Gruppierung ist offensichtlich. Indessen ist festzuhalten, daß auch angesichts einer solchen Selbstverständlichkeit zunächst strukturelle Analysen von sozio-künstlerischen Gruppen in bezug auf die Elemente der technologischen Komponente durchzuführen sind, bevor darüber diskutiert werden kann, ob beispielsweise die Bedeutung eines non-figurativen Bildes wahrgenommen wird, ob sich das Ohr der Konsumenten an zeitgenössische Musik gewöhnen kann oder ob gedruckte Literatur der audio-visuellen zu weichen hat.

c) Die mentale Komponente

Unter der mentalen Komponente sollen alle Elemente der geistigen und ideologischen Ausrüstung der sozio-künstlerischen Gruppen zur Konsumtion des Kunsterlebnisses verstanden werden. Da es sich hier um mentale Gegebenheiten und Prozesse handelt, an die die Konsumentengruppen bezüglich des Kunsterlebnisses glauben, sowie die Arten und Weisen wie sie ihm bezüglich denken, erscheint es angebracht, uns zunächst den Mittlergruppen zuzuwenden: Mäzenen, Kritikern und Erziehern.

Wie bedeutungsvoll und stark die von der mentalen Komponente Mäzen oder Mäzenatentum ausgehenden strukturellen Auswirkungen sind, ist in vielen sozialgeschichtlichen Studien abgehandelt worden. Das Verhältnis von Geben und Nehmen, von Befehlen und Gehorchen bestimmt die Analyse der mentalen Elemente dieser Gruppe in ihrer Interdependenz mit anderen Bestandteilen. Im Augenblick dürfte es genügen zu erwähnen, daß sich die Struktur der Mäzenatengruppe im Laufe der Jahrhunderte immer wieder gewandelt hat. In unseren Tagen haben Rundfunkorganisationen, Stiftungen, die öffentliche Hand, Industrie und Verbände den Platz gekrönter Häupter, der Kirche oder ehrgeiziger Bürger übernommen. Die Unabhängigkeit von finanziellen Ergebnissen, streckenweise auch das Empfinden einer Verpflichtung, auch problematische Kunsterlebnisse zum Konsum zu verhelfen, werden von der Gruppe der Mäzene übernommen und strukturieren Konsumentengruppen in Übereinstimmung mit der Mentalität des Mäzenatentums.

Auch die Kritik, bzw. die kritische Äußerung als mentale Komponente braucht in ihrer Mittlerstellung nur kurz gestreift zu werden. Nicht erst seit heute wird diese Konsumentengruppe mit Ratschlägen und Vorwürfen bedacht. Sinn und Praxis der Literatur-, Film-, Musikkritik werden immer wieder aufs neue erörtert, was darauf hinweist, in wieweit diese Gruppe - als Vermittler, Entdecker oder Schiedsrichter - als Elemente der geistigen und ideologischen Ausrüstung sozio-künstlerischer Konsumentengruppen anzusehen ist. Zweifelsohne gehört es zu den wesentlichen Aufgaben der Kritikergruppen, in das Innere des Geistes der Produzenten des Kunsterlebnisses vorzudringen. Zu ihren strukturellen Auswirkungen als mentale Komponente gehört es aber auch, das Unbewußte von Produzenten dem Unbewußten von Konsumenten zu verdeutlichen, kurz, eine Mittlerstellung einzunehmen, die dazu dient, Gruppen in der einen oder anderen Weise miteinander in Beziehung zu bringen. Als mentale Komponente angesprochen - da diese Gruppe Konsumentengruppen Standards setzt, Schwindel, Anmaßung und Eigendünkel enthüllt - strukturiert sie sich selbst nach der Struktur der Gesellschaft, in der sie wirkt. Es ist also für die kunstsoziologische Betrachtung nicht die geistige Parität zwischen den Kritikergruppen und den zu kritisierenden Objekten, sondern ihre Eigenschaft als Komponenten, die den Kunstsoziologen interessiert, sozusagen der öffentliche Versorgungsbetrieb ihrer Existenz.

Indem wir als nächstes von den Erziehern sprechen, seien damit alle diejenigen erfaßt, die Konsumenten auf das Kunsterlebnis vorbereiten: Sie strukturieren sich durch die mentale Komponente in ihrer Eigenschaft als Lehrer, Kommentatoren, Kunstwissenschaftler etc. Dabei bleibt es für die Zwecke einer kunstsoziologischen Strukturanalyse gleichgültig, ob die von ihnen durchgeführten "Vorbereitungen" im materiellen, technischen oder geistigen Bereich stattfinden. Wesentlich für die strukturierende Kraft dieser Komponente sind die Aufgaben, insbesondere die Vielfalt der Aufgaben, die diesen vorbereitenden Gruppen zukommen; also z.B. Erziehung zum Hören, Erfassung des Verhältnisses von Malerei und Mensch, Wesenheit der Literatur, Übermittlung des kulturellen Erbes, Entwicklung der Persönlichkeit, des Wissens, der Talente u.a.m. Auch von außen her, will sagen, durch gewisse technologische, organisatorische und historische Elemente bilden sich, vor allem angesichts von Spezialisierungen, Unterschiede in der Erziehergruppe heraus, die zu dauernden Veränderungen in ihrer Struktur führen. Wir verweisen hier nur auf die Kunstkommentatoren bei Rundfunk und Fernsehen, auf die zahllosen Einführungsschriften zum Musikverständnis, Erläuterungen zur Landschafts-, Porträt- oder abstrakten Malerei usw. Auch darf bei der Analyse dieser Konsumentengruppen die Rolle nicht übergangen werden, die sie bei der Kunstpflege im allgemeinen und im speziellen spielen. Mangelnde Pflege von Musik oder Literatur, Freizeitgestaltung, Erziehung zu künstlerischen Grenzberufen, Bildung und Führung von Amateurgruppen etc. gehören zu den Problemstellungen, die dieser mentalen Komponente ihre strukturierende Stellung innerhalb der sozio-künstlerischen Konsumentengruppen einräumen und sie umschreiben.

Wenn wir nun als nächste strukturbildende Komponente soziokünstlerischer Konsumentengruppen das Publikum (Hörer, Leser, Betrachter) anführen, ist dieses als ein die geistige und ideologische Ausrüstung zur Konsumtion des Kunsterlebnisses enthaltenes Element in der Gesamtstruktur anzusehen. Wie es sich verhält oder aus was sich Publikum zusammensetzt, das ist jetzt nicht die Frage. Es geht um das soeben angesprochene "Enthalten", das wie bei der mentalen Komponente der Produzentengruppen so weit wie möglich aufzufassen ist. Eine geistige Ausrüstung ist beispielsweise die Gabe, in Empfindungen zu schwelgen, bzw. in der Lage zu sein, Emotionen freien Lauf zu lassen; eine kombinierte geistige und ideologische Ausrüstung hingegen sehen wir dann vor uns, wenn zur Erkenntnis von im Kunstwerk enthaltenen künstlerischen Ideen auch intellektuelle Kräfte eingesetzt werden. Beide Konstellationen beziehen sich im Grunde genommen auf die immer wieder diskutierte und zu analysierende Frage: An was glaubt eigentlich das Publikum in bezug auf das Kunsterlebnis; wovon werden ihm gegenüber seine Gedanken geleitet? Die Tatsache, daß die Frage in der einen oder anderen Weise beantwortet wird, daß sie beispielsweise aus psychologischer Sicht (wohin sie gehört) durch die Berufung auf nicht zu erfassende Qualitäten (Herz, Sentiment, Humanität etc.) oder unbewußte Befriedigung verdrängter Sinneswünsche beantwortet wird, kann durchaus als eine Bestätigung für unsere Auffassung angesehen werden, nach der das Publikum unter anderen einen mentalen Bestandteil im Gesamtaufbau der Konsumentenstruktur darstellt und als solcher bei der kunstsoziologischen Analyse Beachtung zu finden hat. Gerade weil so oft zum Ausdruck gebracht wird, das Publikum sei nicht schöpferisch sondern nur empfänglich, es reagiere nur und agiere nicht, ist es umso notwendiger, es als mentale Komponente innerhalb der Gesamtstruktur der Konsumentengruppen daraufhin zu erkennen. Daß weiterhin die Struktur dieses oder jenes Publikums nach Geschlecht, Beruf, Einkommen, Bildung usw. zu erfassen ist, bevor das Kunsterlebnis vollständig erkannt werden kann, versteht sich für den Soziologen von selbst. Das ist auch der Grund, weshalb im vorliegenden Zusammenhang der Begriff Publikum undefiniert verwendet wird. Hier ist nur zu erläutern, daß das Publikum ein mentales Element bei der Strukturierung von Konsumentengruppen darstellt, wobei sich die Interdependenz mit anderen Elementen immer stärker verdeutlicht. Lassen sich doch Publika angesichts des Kunsterlebnisses durchaus nach Momenten der Suche nach Information, nach Erholung, nach Veränderung usw. klassifizieren. Überdies spielt auch der Gegenwartsgrad des Kunsterlebnisses als mental-struktureller Faktor eine Rolle, wenn bedacht wird, daß Lesen von Belletristik oder Anhören von Musik durchaus passiv geschehen oder aber zur Orientierung des Besitzes einer künstlerischen Kultur dienen können. Wenn immer der kunstsoziologischen Analyse Fragen vorgelegt werden, die sich mit dem Publikum und seinen Aktionsarten befassen, oder mit dem Unterschied zwischen Schauspiel-, Oper- und Konzertpublikum, oder mit dem Übergang von einem elitären zu einem populären Publikum und ähnlichen Problemen, darf bei Strukturerkenntnissen, besonders wenn es um Voraussetzungen für die Erfassung von Funktionen geht, die mentale Komponente nicht außer acht gelassen bleiben.

d) Die wirtschaftsorganisatorische Komponente

Bei der Darstellung wirtschaftsorganisatorischer Mittel, durch die Konsumentengruppen dem Kunsterlebnis zur Entstehung und Durchführung verhelfen, kommen wir einer Vielfalt von Gruppen entgegen, von denen eine jede die ihr eigene Struktur besitzt. Ob sie als Agenten, Verleger, Impresarios, Galleristen, Veranstalter, Manager, Organisatoren etc. in Erscheinung treten - allesamt lassen sie sich ohne verunglimpfenden Beigeschmack als Kunstkaufleute ansehen. Sie stellen eine derzeit unersetzliche Ausrüstung zur Konsumtion des Kunsterlebnisses dar und konsumieren als Zwischenhändler oder Unternehmer das Kunsterlebnis nach ökonomischen Richtlinien, die meistens durch künstlerische Kenntnisse vorbedingt sind. Gekennzeichnet wird die zentrale Stellung, die diese durch die wirtschaftsorganisatorische Komponente strukturierte Gruppe im Leben der Künste spielt, durch solche Gegebenheiten wie Angebot und Nachfrage, Konkurrenz, Publikumsreaktionen, Marktsättigung und andere wirtschaftliche Faktoren. Im übrigen aber auch durch ihre Bedeutung im Rahmen rein organisatorischer Tätigkeiten. Mit einem Blick auf Verleger, Galleristen oder Museumsleiter steht es ihnen z.B. an, entweder wohlbekannte oder unbekannte, alte, moderne oder zeitgenössische Produktionen zu handhaben; sich in ihren Tätigkeiten von pädagogischen Grundsätzen leiten zu lassen; die Produktion von Kunstwerken zu finanzieren und dadurch Einfluß auf deren Gestaltung auszuüben. Auch das Urheberrecht als wirtschaftsorganisatorische Komponente mit strukturellen Auswirkungen ist hier zu erwähnen. Beispielsweise obliegt Organisationen wie der "GEMA" oder der "Verwertungsgesellschaft Wort" nicht nur die Verwaltung und der Schutz von Einkommen aus künstlerischen Tätigkeiten, sondern überdies die Vertretung der ihnen angeschlossenen Mitglieder gegenüber dem Gesetzgeber. Auch die internationale Zusammenarbeit und Verflechtung in diesem Felde ist von strukturellem Interesse.

Immer stärker treten bei der zweckmäßig unternehmenden Ausrüstung der sozio-künstlerischen Gruppen zur Konsumtion des Kunsterlebnisses sozio-kulturelle Institutionen, wie beispielsweise Rundfunk- und Fernsehanstalten, in den Vordergrund. Schon längst beschränken sie sich nicht mehr auf ihre ursprüngliche Tätigkeit als Distributoren, sondern betätigen sich auch als Impresario, als Auftraggeber, als Veranstalter, kurz als Organisator und sind damit auch eine wirtschaftsorganisatorisch bedeutungsvolle Komponente beim Konsum von Kunsterlebnissen; wenn man so will, ein organisiertes und wirtschaftliches Mittel im Dienste von Notwendigkeiten und Bedürfnissen. Durch die etablierten Formen ihrer Handlungsweisen wird sozio-kulturellen Institutionen, darunter auch Kulturräten und anderen staatlich und international anerkannten und geförderten Institutionen, die Möglichkeit verliehen, Gruppenaktivitäten ununterbrochen und beharrlich weiterzuführen.

e) Die historische Komponente
Die Konsumentengruppen strukturierende historische Komponente verdeutlicht sich oft in zeitgeschichtlichen Darstellungen, bei denen positive oder negative Publikumsaktivitäten oder sozial bedingte quantitative Entwicklungen im Vordergrund stehen, die von homogenen zu heterogenen Zusammensetzungen beim Konsum von Kunsterlebnissen geführt haben. Es wird dabei vom Verhältnis der Konsumenten zu den Künsten und die sie repräsentierenden Kunstproduzenten als oberster Wirklichkeit ausgegangen. Bei diesem Ansatz, der sich nicht in monokausales Vorgehen verlieren darf, ist unter Nutzung zeit- und sozialgeschichtlicher Erkenntnisse ein Weg einzuschlagen, der die Strukturierung der Konsumentengruppe am Erscheinungsbild der - wir wiederholen - die Künste repräsentierenden Kunstproduzenten, die Künstler, vornimmt. Um es realitätsnahe zu formulieren, es ist der Blick, den die Konsumenten auf die sozio-künstlerische Situation des Künstlertums im Rahmen des historischen Wandels wirft, der für die Konsumentengruppen (natürlich in Interdependenz mit anderen Faktoren) strukturierend sich auswirkt.

Deutlich läßt sich verfolgen, wie der historische Wandel im Bild des Künstlers durch die Gesellschaft in engem Zusammenhang mit Veränderungen in den Ansichten der Konsumentengruppen über den Ursprung einzelner Kunstsparten steht. Was immer für die Künste als ursprünglich angesehen wird (ein Vorgang, der zeitgeschichtlich schon oft aufgezeigt wurde) und bereits dadurch strukturierend wirkt, stets werden sie als ein soziales Phänomen angesehen, das von seinem Ursprung her durch das soziale Leben bedingt ist. Und was immer das soziale Leben bedingt, steht in engster Verbindung mit Wertschätzungen. Jedoch die im sozialen Leben schlummernden Wertschätzungen entfalten sich nicht geradewegs. Personifiziert durch Werte schaffende Menschen, durchlaufen sie eine lange Strecke, die vom Einzelnen, über kleinere und größere Gruppen erst am Ende zu Strukturierungen sowie Anerkennung durch die Gesellschaft führen. Eine Art von Ebenbürtigkeit in der Wertschätzung von Kunst und Künstler als Inbegriffe von Kultur und Kulturträger haben für die Konsumenten aus dem Wert eine strukturierende Norm gemacht. Damit sei gesagt, daß historisch sich vollziehend Kunst und Künstler für die Gesellschaft sowohl zu einem sozio-kulturellen Erbe, als auch zu Richt- und Strukturlinien für sozio-künstlerisches Denken, Fühlen und Handeln sowie zu einer superorganischen Teilnahme an Wesen, Form und Inhalten des sozio-künstlerischen Geschehen geworden sind.

Wird diese Entwicklung und ihre Folgen aus dem Blickwinkel der Konsumentengruppen beleuchtet, also von der Gesellschaft her, läßt sich seit Anfang des 2o. Jahrhunderts ein nicht enden wollendes Bemühen um das Wohlergehen des Künstlers feststellen. Diese Regsamkeit läßt vonseiten der Konsumentengruppen ein beträchtliches Interesse an einer Gruppe von Individuen erkennen, die innerhalb der Gesellschaft über die Jahrhunderte hinweg stets nur einen geringen Prozentsatz ausgemacht hat. In gewissen Hinsichten strukturieren allein schon diese Bemühungen die Konsumentengruppen, sei es, daß sie als Anzeichen für Kulturbewußtsein bewertet werden oder als Aufrechterhaltung und Förderung des kulturellen Standards. Was immer auch die Ursachen für das ansteigende Interesse der Konsumenten für die Situation des Künstlers gewesen sein mögen, die Folgen, nämlich dieses Bemühen um das Wohlergehen des oder der Kunstproduzenten, sind durch einen Prozeß gegenseitiger Abhängigkeit von Komponenten, darunter auch die historische entstanden. Daß diesem mit Eigendynamik ausgestatteten Prozeß und seinen Elementen eine strukturierende Kraft inneliegt, wurde schon mehrfach unterstrichen. Fragen wir uns daher jetzt, inwieweit das aus der historischen Komponente hervorgegangene und durch sie beeinflußte Erscheinungsbild der Künstler, bzw. ihre soziale Situation sich als kraftvolles Element auf die Struktur der Konsumentengruppen auswirkt. Diese Auswirkung der historischen Komponente sei an einem Beispiel aus der Gegenwart vorgeführt.

Nach Angaben im "Künstlerreport des Bundesministeriums für Arbeit und Sozialordnung" vom 1. Juli 1980 gab es in der Bundesrepublik Deutschland ca. 100.000 Künstler. Mit einem Blick in die Vergangenheit mag diese Zahl den Kunstkonsumenten relativ groß erscheinen, da es dazumal kaum so viele Kunstausübende gegeben haben mag. In Wirklichkeit ist die Relation zur Gesamtbevölkerung weitaus größer, da bei der Angabe die abertausenden von jungen Menschen nicht erfaßt sind, die, inmitten des Sozialisationsprozesses stehend, auf dem Wege zum Status des professionellen Künstlers sind. Jede dieser Personen befindet sich sowohl inmitten der sozialen Situation der sie umgebenden Gesellschaft, bzw. der sich für sie und ihre Künstlerschaft interessierenden Konsumentengruppen, als auch in der ihr durch die Elemente der von uns angeführten Komponenten bestimmten, selbst erwählten singulären Situation als Künstler.

Diese Tatsachen und die sich daran anschließenden Überlegungen bewegen mehr denn je die Gesellschaft, ihre Repräsentanten sowie die Kunstkonsumenten. Sie haben in verschiedenen Richtungen verlaufende Reaktionen hervorgerufen, die allesamt über die von uns bereits abgehandelten und auch die jetzt zur Diskussion stehende historische Komponente führen, und zwar indem das Phänomen "Künstler", so wie es die Konsumentengruppen sehen, sich in ihnen reflektiert. Was da alles über Jahrzehnte aufgrund der bestimmenden Strukturkomponente an einzelnen Reaktionen in Erscheinung getreten ist, kann hier nicht abgehandelt werden. Wir halten uns skizzenhaft an derzeitige, durch Reaktionen hervorgerufene Erscheinungen.

Trotz aller biographischen und aufklärenden Schriften, die auf die Kümmernisse des Künstlers hinweisen, aber auch trotz der organisatorischen Verflechtungen des Künstlers (Berufsschutz, Ausbildung, Arbeitsvermittlung, soziale Sicherheit usw.), ist es dem Einfluß der historischen Komponente zuzuschreiben, daß der Künstler durch die Konsumentengruppe von altersher grob gesprochen in die Gattung nutzloser Parasiten der Gesellschaft eingereiht wird. Historisch gesehen, mag sich diese einen Großteil der Konsumentengruppen strukturierende Haltung aus der Nichterkenntnis des Wertes von Kultur und Kunst für die Existenz einer Gesellschaft ergeben, aus Resten überkommener Traditionsgebundenheiten, nicht zuletzt aber auch durch das weit publizierte Verhalten gewisser Repräsentanten der einen oder anderen Kunstsparte, deren Extrovertiertheiten und Extravaganzen sich negativ auf das bei Konsumentengruppen vorhandene Wahrnehmungs- und Erkenntnispotential künstlerischer Leistungen auswirken. Selbst wenn erkannt wird, daß vorsätzlich gehandhabte Außenseiterhaltungen nicht das Signum von Künstlergruppen ist, führen sie dennoch zu einer vorurteilsgeladenen abklassifizierenden Haltung innerhalb des Strukturierungsvorganges von Konsumentengruppen. Vergleiche mit der eigenen sozialen Situation und ungenaue historische Kenntnisse verstärken eine sich gegen die Künstlergruppen richtende Struktur, wenn Konsumenten beispielsweise konfrontiert werden mit Diskussionen über Millionen von Zuschüssen zu Kulturstätten aller Arten oder die Beauftragung eines Bildhauers zur Dekoration eines Gebäudes zu fabulösen Preisen.

Ein weiteres sich auf die historische Komponente beziehendes, von der Künstlerseite prononciert angesprochenes Element führt zu einer Strukturierung der Konsumentengruppen, die durch Verweigerung geleitet ist. Auslösung ist das ewige Verlangen der schaffenden Künstler nach Unabhängigkeit, Selbständigkeit und Freiheit in Verbindung mit ständigen Klagen über ihre existenzielle Sicherheit. Unter historischer Bezugnahme auf manche ihrer Vorgänger, machen sie geltend, daß wenn sie abhängig, unselbständig und unfrei würden, sie nur noch mühsam oder gar nicht den von ihnen erwarteten Beitrag zur kulturellen Entwicklung liefern könnten. Ein unmöglicher Sachverhalt wird der Kultur und den sie konsumierenden Gruppen vorgelegt, bei dem es einerseits heißt: Kunst und Künstler machen sich selbst überflüssig; andererseits: Kunst und Künstler sind eine Entität, sie leben in Unteilbarkeit. Ein solcher der historischen Komponente entspringender rückwärts gerichteter, die Realitäten verdüsternder kulturträchtiger Blick strukturiert Konsumentengruppen dann entweder in positiver, negativer oder neutraler Richtung.

V. Die funktionale Analyse

1. Von den Funktionen der Kunst

Bei der schematischen Aufteilung des totalen Kunstprozesses zu Zwecken der Erkenntnis der Zielrichtungen der kunstsoziologischen Forschung klang bisher die Frage nach den Ausstrahlungen der Künste nur im Vorübergehen an, obgleich sie letztlich das Gesamt aller Bemühungen um Erkenntnis der Existenz, der Erhaltung und der Entwicklung der Künste berührt. Wie alle sozialen Gegebenheiten sind auch die Künste nicht zweckfrei. So versteht es sich, daß am Ende der im Kunstprozeß enthaltenen Kommunikationslinie das Moment der Wirkungen nach vorne tritt, das öfter unter der Bezeichnung "Rezeptionsforschung" angegangen wird. Insoweit sich die kunstsoziologische Forschung hiermit befaßt, gilt es zunächst ein Vorstadium des Wirkungsprozesses zu erkennen; denn Wirkungen, wie sie sich aus sozialen, kulturellen, ökonomischen etc. Konstellationen ergeben, können erst zustandekommen, wenn eine gesellschaftliche Gegebenheit, hier die Kunst, in sich einen funktionalen Gehalt aufweist. Von diesem wird in der Tat viel gesprochen, vor allem von der "sozialen Funktion der Kunst". Damit wird ebenso wie bei Bemerkungen wie "gesellschaftspolitische Funktion der Kunst" oder "Kunst in Funktion" die Betrachtung des Kunstphänomens zur gleichen Zeit auf eine soziale und auf eine ästhetische Ebene gestellt, wodurch der in der Soziologie gängige Begriff von latenten oder manifesten Funktionen, angesehen als Aktionstypen, dessen eine Struktur, eine Gegebenheit oder ein Element eindeutig fähig ist (hierzu A. INKELES 1964, S. 34ff.), erweitert. Das heißt, daß "Funktion" und so auch der sog. "Funktionalismus" mit Bezug auf die Künste gänzlich andersgeartete Bedingtheiten aufweisen als dies mit Bezug auf andere soziale Phänomene der Fall ist. Zum einen geht dies aus der Zentralisierung des Kunsterlebnisses als Ausgangs- und Mittelpunkt empirisch ausgerichteter kunstsoziologischer Forschung hervor; zum anderen vordringlich aber aus der Entwicklungslinie des funktionalen Kunstanspruchs, dessen Ursprung dort zu suchen ist, wo ästhetische Kontemplationen über das Schöne sich als eine Frage des "als Folge von..." präsentieren.

Haben sich doch schon seit den Zeiten der Antike Philosophen wie PLATON, ARISTOTELES, ARISTOXENOS und THEOPHRASTUS darum bemüht, die Bewegungen der Seele mit der Besänftigung der Leidenschaften durch das Schöne dieser oder jener Kunstform in Beziehung zu setzen. Und immer wieder, ob bei KANT, HERDER, HEGEL, NIETZSCHE oder SCHOPENHAUER finden wir diese unumgängliche philosophische Suche nach der Erkenntnis seelischer Wirkungen "als Folge von Kunst". Auf die Dauer trennten sich diese Erwägungen vom Umkreis der philosophischen Welt des Seins und des Scheins, und mit dem Aufkommen des positivistischen Zeitalters machte der Absolutismus der Ästhetik a priori einem Relativismus a posteriori Platz: die Ästhetik, dieser Teil der Philosophie, verließ das Gebiet unentgeltlicher Kontemplationen, um mittels dieser oder jener Methode sowie unter Hinzuziehung von Erkenntnissen aus anderen Wissenschaftszweigen das Kunst-Phänomen - so auch seine Funktionen - präziser zu analysieren. Einer Ästhetik "von oben", d.h. einer Spekulation über die Bedeutung der Kunst und das Wesen des Schönen, folgte eine Ästhetik "von unten", d.h. eine experimentelle Ästhetik, die sich der Methoden der Physiologie, der Psychologie und der Soziologie bediente, um _objektive_ Untersuchungen durchführen zu können.

Wenn nun die funktionale Betrachtung der Künste zu einer Sicht auf beiden Ebenen, der sozialen und der ästhetischen, führt, ist es ein Unding, die _Grundpositionen dieser Funktionszusammenhänge_ in Opposition zueinander zu sehen oder, wie es allzuoft geschieht, sie stillschweigend zu übergehen. Systematisiert stellen sich die aus der Zusammenführung sozialer und ästhetischer Erkenntnisse hervorgegangenen Grundpositionen funktionaler Analyse der Kunst wie folgt dar:

a) _Die physiologische Grundposition_

In der Kunst spielt _empfindsame Intuition_ sowohl auf seiten der Produzenten wie der Konsumenten eine nicht zu unterschätzende Rolle. Musik, Malerei, Film, Theater und selbst Dichtung sind abhängig von den Organen der Sinne. Wenn also die Ästhetik die diversen Sinnesregister analysiert und danach fragt, welchen Beitrag die Sinne zum ästhetischen Empfinden und zum Kunstwerk leisten, unterstreicht sie (direkt oder indirekt) ein funktionales Geschehen. In diesem Rahmen spielen Hören für die Musik, Sehen für die darstellende Kunst und die Verknüpfung von akustischen und optischen Reizen bei Theater und Film eine priviligierte Rolle. Jedoch auch die anderen Sinne sind ästhetisch funktional von Bedeutung. Denken wir nur an Geschmacks-, Geruchs- und Tastempfindungen sowie an die Tatsache, daß unter normalen Umständen keine der Sinnesempfindungen isoliert existiert, sondern daß sie miteinander verbunden sind. Dieses Phänomen, von der Psychologie als

Synästhesie bezeichnet, hat beispielsweise bei RIMBAUD in dem "Sonnet des voyelles" einen dichterischen Niederschlag gefunden; bei NIETZSCHE als Einwände gegenüber der Musik Richard Wagners, wenn er schreibt, daß sie ihn mühsam atmen lasse , sein Fuß sich ärgere und revoltiere, sein Magen und auch sein Herz, seine Blutzirkulation und seine Eingeweide protestierten (in: Der Fall Wagner, 1888). Noch manche andere Beispiele könnten angeführt werden, vor allem wenn Theater und Film zur Diskussion stehen. Doch sollen diese wenigen genügen, um zum einen zu verdeutlichen, daß sich Ästhetik gefällig auch als angewandte Physiologie oder als physiologische Anthropologie präsentieren kann, zum anderen jedoch als kunstsoziologisches Erkenntnisinstrumentarium begrenzt ist. Werden doch hier nur <u>äußere Bedingungen</u> ins Spiel gebracht, will sagen, eine funktionale Analyse von Künstler, Kunstwerk und Kunstpublikum angegangen, die von Bewußtsein, innerem Leben und Erlebnis absieht.

b) <u>Die psychologische Grundposition</u>

Was der sich in funktionaler Richtung bewegenden ästhetisch-physiologischen Position an <u>inneren Bedingungen</u> fehlte, sollte durch die psychologische ergänzt bzw. vervollständigt werden. Dem ist erläuternd vorauszuschicken, daß die Kunst, so seltsam es auch klingen mag, erst seit dem 18. Jahrhundert in erster Linie als eine <u>menschliche</u> Tatsache angesehen wurde. Bis dahin regierte die Metaphysik der Zahl, was sowohl Physiologie als auch Psychologie vom ästhetischen Denken ausschloß. Erst als man begann, sich "aufklärend" dem Menschen auch in seinem künstlerischen Sein zuzuwenden, wurde es unerläßlich, sich der Funktion des Menschen wie der seiner künstlerischen Manifestationen zuzuwenden. Zum einen geschah dies auf der Ebene der Kreation, und zwar durch die Erfassung von Inspiration, Motivation, Genie, kurz gesagt, der Arbeit des Künstlers; zum anderen auf der Ebene des Seelen- und Geisteszustands des Kunstkonsumenten, desjenigen, der die künstlerische Botschaft empfängt und ihren Reiz über sich ergehen läßt. Auf der Ebene der Kreation verlegte sich das Interesse in erster Linie auf:

a) Die Realität der Inspiration, die Fähigkeit, Kunstwerke in unvorhergesehener und schwer zu erklärender Art und Weise herzustellen.
b) Die Produktion eines Werkes, da diese nicht nur die Auswirkung einer Inspiration sein kann, sondern überdies nach einsichtiger und methodischer Arbeit verlangt, bei der die Intelligenz den irrationalen Charakter der intuitiven Erleuchtung sowie die verborgene Trächtigkeit des Unbewußten ausgleicht und überwindet.
c) Die Gefühlswelt des Künstlers, die den Akt der Kreation durch Besorgnis, Leiden, Trauer, Heiterkeit, Enthusiasmus, Hoffnung, Freude etc. begleitet.
d) Die Neigungen des Künstlers, die dergestalt sein Können beeinflussen, daß er aus Bedürfnis nach Selbstbestätigung schafft, zum Vergnügen, aus Sucht nach Schönheit, aus kommerziellen Gründen, um Tod und Zeit zu trotzen oder um der Sublimierung unverarbeiteter Energien der Libido willen.

Ebenso wie man sich damit um die Funktion der Kunst gegenüber dem Künstler bekümmert, geschieht dies - dem Psychologisch-Ästhetischen verpflichtet - auch auf der Ebene der Konsumenten. Stichwortartig angeführt, befaßt man sich mit:

a) Emotionen, so wie sie als direkter Effekt der Kunst im Menschen hervorgerufen werden, und zwar insofern sie nicht auf gewohnte Dispositionen und Reaktionen im affektiven Leben zurückführbar sind.
b) Suggestiver Magie als Funktion und Effekt der Kunst, indem unterstellt wird, der Konsument füge sich dem Zauber eines Bildes oder einer Komposition. Es wird das kontemplative Bewußtsein als verzauberte Seele angesehen.
c) Ekstase und Entzücken als durch das Kunstwerk hervorgerufene Emotionen, die die Empfindungen des Produzenten so-

zusagen wie eine magnetische Kraft auf den Konsumenten übertragen.

d) Evasion als Bedürfnis, sich durch Kunstkonsumtion von den Zwängen der Nützlichkeiten, dem Druck der Wirklichkeit, den Anforderungen der Logik, dem Ernst und der Verantwortung des Lebens u.ä.m. zu befreien.

e) Läuterung und Katharsis, zurückgehend auf das aristotelische Prinzip der reinigenden Funktion von Musik und Tragödie wird unterstellt, daß das Ich, indem es sich symbolisch von den ihm vorgelegten Leidenschaften und Gefühlen befreit, gewisser, durch Unterdrückung hervorgerufener Störungen aus dem Wege geht und indirekt uneingestandene, sein Unbewußtes bevölkernde Wünsche befriedigt.

f) Aufnahmefähigkeit und Teilnahme durch Kommunikation von Bewußtseinszuständen, wenn der Konsument versucht, das Kunstwerk in sich wieder aufleben zu lassen, es zu rekreieren oder zumindest sich mit ihm zu assoziieren.

g) Interpretation, die das Kunstwerk zum Leben bringt, wenn die vom Kreativen und vom Kontemplativen herrührenden Bewußtseinsströmungen sich vereinen.

c) Die soziologische Grundposition

Auch die soziologische Grundposition mußte ebenso wie die beiden im Vorhergehenden erläuterten die von der Ästhetik errichtete Barriere durchbrechen, nämlich die Auffassung vom Funktionalen der Kunst als Transzendenz der sozialen Wirklichkeit zur Erhöhung der großen Taten des Geistes. Es geschah durch den Einbau soziologischer Erkenntnisse in den ästhetischen Bereich, so daß von einer "soziologischen Ästhetik" gesprochen werden konnte (CH. LALO 1948). Kurz umschrieben waren es die folgenden soziologischen Grunderkenntnisse, welche die bisher für das ästhetische Denken geltenden Auffassungen vom Funktionalen der Kunst veränderten, bzw. stärker verdeutlichten.

<u>Erstens</u> war es die Erkenntis, daß der Kunstproduzent in einem gewissen Milieu und der Kunstkonsument innerhalb einer von außen an ihn herangebrachten Kunstwelt lebt. Folglich war zum einen zu beachten, daß sich das Kunstwerk also im Rahmen eines sozialen Kontexts manifestiert, und zum anderen, daß ein Kollektivbewußtsein existiert, dessen Einfluß nicht übergangen werden kann.

<u>Zweitens</u> stand hiermit im Zusammenhang die Erfassung des Künstlers als einem sozialisierten Individuum, daß schon lange vor dem schöpferischen Akt einen Kollektivgeist in sich trägt, mit dem es sich äußert und durch den es sich an empfangende Individuen oder Gruppen wendet.

<u>Drittens</u> wurde man gewahr, daß künstlerische Evolutionen die Synthese isolierter und unabhängiger Versuche von zahlreichen Vorgängen sind und nicht alles geradezu genial aus dem Nichts geschaffen wurde und wird.

<u>Viertens</u> wurde das funktionale Geschehen nicht länger ausschließlich vom Standpunkt der Produktion, von dem der Einzelpersönlichkeit gesehen, sondern auch unter Einbeziehung der Kunstkonsumenten, die zu jeder Zeit einen integralen Teil des Kunstlebens darstellten.

<u>Fünftens</u>, daß es bei Untersuchungen in funktionaler Ausrichtung nicht angeht, die sozio-künstlerische Gesellschaft als eine im wesentlichen totale Einheit anzusehen oder alle Aspekte dieser Gesellschaft auf Manifestationen eines Primärgeistes zurückzuführen, zu dessen Ursprung sie hinneigen.

Was hier punktemäßig als "Einbau" in den ästhetischen Bereich vorgetragen wurde, läßt sich wohl eher als ein "Treffpunkt" zwischen Ästhetik und Soziologie ansehen, zumal es auch einer soziologischen Ästhetik nicht gelungen ist, sich von einem der Soziologie fern liegenden kausal-historischen Denken in Ursachen und Wirkungen frei zu machen. Das hat so manchen sich um das Funktionale der Kunst bemühenden Soziologen dazu geführt, alles darin enthaltene Ästhetische erkenntnistheoretisch zu übergehen. Hierdurch sind Fehlurteile entstanden (z.B. bei R.S. DENISOFF 1972 über Populärmusik; U. RAPP 1973 über Theater; P.E. SØRENSEN 1976 über Literatur), indem die an Kunst und Künstler gestellten funktionalen Ansprüche sowie die der Kunst und dem Schöpfer inhärenten Möglichkeiten in einem Maße ausgedehnt werden, daß darunter die <u>Eigenständigkeit</u> des sozialen Phänomens "Kunst" zum Erlöschen gebracht wird. Aber auch dort, wo das Ästhetische von Kunsterscheinungen auf der Basis soziologischer Prämissen überbetont wird (z.B. bei TH.W. ADORNO 1962 über Musik; R. BERGER 1972 über Malerei; L. KOFLER 1974 über Literatur), kommt es zu Fehlurteilen, indem durch ein Herausarbeiten des Normativen das Soziale des Phänomens nur noch am Rande erscheint. Beidemale bleibt unbeachtet, daß die ästhetischen und sozialen Elemente in bezug auf Funktionalität eines Kunstwerkes (übrigens auch auf dessen Wirksamkeit) <u>miteinander in Interaktion stehen</u>. Sie charakterisieren sich - ebenso wie die hinter ihnen stehenden Kunstschaffenden - durch kontinuierliche Wechselbeziehungen. Denn jede Reaktion kann zu einem Anreiz für neue Reaktionen werden, und zwar nicht nur bei Personen oder Gruppen, die an der Aktion des Hörens, Lesens oder Betrachtens teilnehmen, sondern auch bei den besagten ästhetischen und sozialen Elementen bzw. ihren Kreatoren.

Dieses aus der Gleichzeitigkeit (nicht etwa der Vermengung) von Kommunikationsmöglichkeiten und Kommunikationsempfänglichkeiten ästhetischer und sozialer Bestandteile bestehende Vorgang einer Interkommunikation läßt sich in bezug auf das Funktionale der Kunst dort erfassen, wo sich das Ästhetische mit dem Sozialen <u>trifft</u>. Aus dieser Erkenntnis ergibt sich die Möglichkeit einer Systematisierung der funktionalen Aspekte der Kunst in zwei breit gelagerte Hauptgruppen:

- Erstens geistige Funktionen, zu denen sich zählen lassen: Information, Bildung, Belehrung, Unterhaltung, Beeinflussung, Übermittlung des kulturellen Erbes u.ä.m.
- Zweitens soziologische Funktionen, zu denen sich zählen lassen: Zugehörigkeit, soziale Wiederanknüpfung, Ersatzbestrebungen, Zerstreuung, Durchbrechung der Einsamkeit, Ablenkung vom Alltagsdasein, Eingliederung in Klassen, Schichten, Gesellschaft u.ä.m.

Wir sind uns bei dieser globalen Gruppierung durchaus der Tatsache bewußt, daß bei ihr inter alia auch psychologische bzw. sozialpsychologische Momente angesprochen werden, was bei dem Zusammengehen der moderndn Soziologie mit der Sozialpsychologie selbstverständlich ist. Wie dem auch sei, aufgezeigt soll nur werden, daß wenn von der soziologischen Grundposition aus (mit oder ohne Einbeziehung des Sozialpsychologischen) die Funktionen der Kunst zur Diskussion stehen, es unumgänglich ist, ästhetische Grundzüge miteinzubeziehen, selbst wenn diese nicht mehr darstellen sollten als Betrachtungen über den Sinn der Kunst im Rahmen der menschlichen Existenz und über das Wesen des Schönen. Schließlich charakterisieren sich die Funktionen der Kunst weniger durch die Erweckung desinteressierter Möglichkeiten als dadurch, daß sie über das ästhetische Empfinden eine soziale Präsenz, Gegenwärtigkeit und Teilnahme am Leben der Gesellschaft schaffen. Daß dem so ist, läßt sich eindeutig an dem Bestehen von Verhaltensmustern aufzeigen, die sich aus den aktiven oder passiven Beschäftigungen der Menschen mit den Künsten ergeben. Was dabei als Entfaltung, Bildung, Erholung oder Zerstreuung angesprochen wird, läßt sich funktional zurückführen auf: Befriedigung des Spielsinnes, Antithese zur Arbeit, Ausdruck von Freiheit, Erfüllung sozio-kultureller Rollenverpflichtungen, Verbindung zu den Werten der Kultur, angenehme Erwartung, Erinnerung u.ä.m. Auch bei dieser bewußt vereinfachten Auflistung zeigt sich erneut, daß die soziologische Grundposition davon ausgeht, die Funktionen der Kunst (von der elitären bis zur populären) von zwei gleichwertigen Ebenen aus zu sehen. Auf der einen Seite stehen die ästhetischen Funktionen, durch die Produzent und Konsument über das künstlerische Material, über Form und Inhalt hin zueinander gebracht werden. Auf der anderen Seite stehen die sozialen Funktionen, die die Beziehungen zwischen Personen, Ideen, kulturellen Verhaltensmustern herstellen, bei denen die ästhetischen Funktionen zwar auch eine Rolle spielen, aber keineswegs zentral sind. Es ist die Einzigartigkeit von Kunst und Kunsterlebnis, die die sozialen Funktionen - neben oder zusammen mit den ästhetischen - auf das Kollektive, das Persönliche, das Symbolische und das Beiläufige beschränkt.

2. Voraussetzungen

Wo immer in unserer Darstellung der empirischen Kunstsoziologie der Begriff "Funktion" auftritt, wird damit ein soziologisches Konzept angesprochen. Wir benutzen es, da es die Möglichkeit eröffnet, die Grundzüge in abstrakter und angewandter Form so darzutun, daß von dort aus eine eingehendere Erforschung des Kunsterlebnisses und seiner Wirkekreise unternommen werden kann, als es im vorliegenden Rahmen möglich ist. Hinzu kommt, daß doch landauf landab vom "Funktionieren" dieses oder jenes Kunstgenres, von Literatur, Musik etc. "in Funktion" gesprochen wird, oder von Wegen, die dem "Funktionieren" der Künste zur Seite stehen sollen oder könnten. Hier zeigt sich schon, daß der Ausdruck "Funktion" mehrfältige Bedeutungen haben kann, die bis hin zu Zusammensetzungen wie "Funktionsbezeichnung" oder "Funktionsgeschehen" führen. Ganz abgesehen von der Diskussion um den "Funktionalismus", auf die hier nicht einzugehen ist, wurde auch in der Soziologie der Begriff "Funktion" mit einer solchen Vielfalt von Bedeutungen bedacht, daß man sich genötigt sah, seine diversen Inhalte deutlich voneinander zu unterscheiden. Es war das Verdienst von R.K. MERTON (1951) in seinem Versuch einer Kodifikation der funktionalen Analyse fünf verschiedene Bedeutungen des hier zur Anwendung gebrachten Begriffs anzuordnen. Nach ihm steht an erster Stelle der populäre Gebrauch, bei dem das Wort Funktion den Gedanken an öffentliche Versammlungen oder Feierlichkeiten erweckt. Zweitens kann es sich beim Gebrauch des Wortes Funktion um die Bezeichnung beruflicher Kategorien handeln, Eine dritte Bedeutung umschreibt die Aktivität derjenigen, denen ein bestimmter sozialer Status zukommt. Folgt an vierter Stelle die mathematische Bedeutung des Wortes und danach, fünftens, die spezifisch soziologische Bedeutung, die wir - mit einem Blick auf das uns hier vordringlich interessierende Kunstgeschehen - in abstracto folgendermaßen umschreiben möchten: Bei der Funktion handelt es sich um den Beitrag, den ein Element der Kultur zum Fortbestehen einer bestimmten sozio-kulturellen Gestaltung mit sich bringt. Das Gesamt einer Funktion kann in besondere Funktionen aufgegliedert werden, die sich auf die mittelbare oder unmittelbare Befriedigung sinnfälliger Bedürfnisse der Gruppe beziehen. Es handelt sich also um einen Aktionstypus, dessen eine gegebene gesellschaftliche Struktur fähig ist. Und da sich Gesellschaften dauernd durch ihre Kulturwerte erneuern und die Funktionen dieser Werte fortwährend neu gestalten, sind bei einer funktionalen Analyse, die sich um Kulturformen im allgemeinen oder spezifische Kulturerscheinungen im speziellen (Literatur, bildende Kunst etc.) bekümmert, auch solche Fakten miteinzubeziehen, die sich direkt in den Kulturwirkekreisen der spezifischen Kulturform bemerkbar machen. Daher dient die funktionale Analyse als Ausgangspunkt zur Behandlung solcher Problemkreise wie beispielsweise: "Die Verantwortung des Schriftstellers gegenüber dem Publikum" oder "Die Vulgarisierung des Theatererlebnisses". Das heißt, daß es an der funktionalen Analyse ist, gewisse künstlerische Einzelheiten auch in bezug auf die Folgen abzuhandeln und zu klären, die für die sozio-kulturelle Entwicklung von Bedeutung sind, Damit ist gesagt, daß es zwei Merkmale sind, die bei der funktionalen Analyse besonders stark in den Vordergrund treten, nämlich: Aktion und Folgen.

Die Aktion verdeutlicht sich als Interaktion durch jeden beliebigen Prozeß, bei dem die Aktion bzw. eine Wesenheit der Aktion Veränderung, Umwandlung, Fortentwicklung, Vernichtung etc. einer anderen Wesenheit verursacht. Die Folgen der Aktion, d.h. ihr Mechanismus, der sowohl individuelles wie Gruppenerleben möglich macht, sind die sozialen Prozesse, die sich anhand der Analyse von Stimulation und Reaktion zeigen. Dabei verstehen wir im vorliegenden Zusammenhang unter Interaktion Aktionen und Reaktionen zwischen den Mitgliedern einer sozio-künstlerischen Gruppe oder zwischen den sozio-künstlerischen Gruppen einer Gesellschaft und sehen ihr Charakteristikum in der Reziprozität der Gegebenheiten, da jede Reaktion zu einem Stimulans für neue Reaktionen werden kann. Dies aber nicht nur bei der Person oder der Gruppe, die an der ersten Aktion teilgenommen hat, sondern auch bei anderen Personen oder Gruppen. So verstanden, eröffnet das interaktionelle Geschehen die Möglichkeit der Analyse von drei eng miteinander verbundenen Aspekten in den Beziehungen von Mensch zu Mensch, von Mensch zu Gruppe und von Gruppe zu Gruppe, so wie sie das im DURKHEIMschen Sinne als fait social angesprochene Kunsterlebnis umgeben. Und zwar sind dies: 1. "Persönlichkeit als der Gegenstand von Interaktion; 2. Gesellschaft als die Gesamtheit von interagierenden Persönlichkeiten mit ihren sozio-kulturellen Beziehungen und Prozessen; und 3. Kultur als die Gesamtheit der Bedeutungen, Werte und Normen, die die interagierenden Personen besitzen, sowie die Gesamtheit der Mittel, die diese Bedeutungen objektivieren, sozialisieren und übertragen" (P.A. SOROKIN 1962, S. 63).

Es ist keineswegs verwegen noch widerspricht es dem soziologischen Annäherungsweg an die Künste, die funktionale Analyse in eine Richtung zu lenken, die anhand des Zustands sowie des Gefüges der Normen der Interaktion die sozialen Beziehungen zwischen den um die soziale Tatsache Kunsterlebnis gruppierten Menschen aufzeigt. Schließlich ist nicht zu übersehen, was in der soziologischen Literatur schon mehrfach bei den unterschiedlichsten Anlässen erkannt worden ist, daß die kulturellen Werte und ihre Inhalte, ihre Zusammenhänge und Beziehungen hinter der sozialen Interaktion liegen (F.E. MERRILL 1957; D.C. McCLELLAND 1961; G.C. HOMANS 1968; u.a.m.). Allerdings nur insoweit wir uns der Auffassung von Kultur anschließen, die, von dem englischen Völkerkundler E.B. TYLOR (1873)geprägt, sagt, daß unter Kultur das gesamte Ganze zu verstehen ist, das Wissen, Glauben, Kunst, Sitten, Gesetz, Brauch und jede andere von Menschen als Mitglied der Gesellschaft erworbene Fähigkeit einschließt.
Bleibt noch zu vermerken, daß die Darstellung des funktionalen Geschehens zwischen und unter den strukturellen Bestandteilen der um das Kunsterlebnis gebildeten Gruppen sowie deren Interaktionen nicht dazu verwertet werden darf, die Aufrechterhaltung oder Veränderung von objektiv bestehenden Teilen und Verbindungen für spezifische Zwecke oder Werte zu rechtfertigen.

3. Die sozio-künstlerischen Gruppen als funktionale Gesamtheit

Die soziologische Betrachtung der Künste, so wie sie ohne Berufung auf Kausalitäten und unter Enthaltung von a prioristischen Werturteilen durchgeführt wird, könnte den Eindruck erwecken, es gehe darum, die von den Wissenschaften durchbrochene Hinnahme der Unvermeidlichkeit von Relativität und Hypothese auch auf die Künste zu übertragen. Überdies wird ihr von seiten der Literatur-, Kunst- und Musikwissenschaft allzu leichtfertig unterstellt, sie versuche den Künsten das

Zufällige, das Anregende, das Spontane, das Individuelle, kurz jegliches Menschliche zu entziehen. Noch weitergehend wird gerade der empirischen Kunstsoziologie eine Verwissenschaftlichungssucht vorgeworfen, weil sie die sich um das Kunsterlebnis bildenden sozio-kulturellen Prozesse bzw. die Aktionsmodi zwischen sich berührenden Einzelwesen und/oder Gruppen dazu nutze, um das vielfältige Bild des Kunstlebens und Kunstgeschehens aufzuzeigen. Dem ist kurz und bündig entgegenzuhalten, daß es jedwedem empirischen soziologischen Bemühen widerspräche, würde es sich anmaßen, das in den Künsten und im Kunsterlebnis geborgene Humane zu übergehen. Vor dem Kunstsoziologen liegen die Aussprüche vieler Künstler und Denker, die nicht müde werden, darauf hinzuweisen, daß die Kunst den Menschen "erhebe", und schon darum allein hütet sich der Kunstsoziologe davor, die sozialwissenschaftliche Analyse der Künste bis zu einem Stand zu führen, wo aus Menschen Automaten und aus dem Kunsterlebnis ein Mechanismus gemacht würde.

Schließlich handelt es sich bei den Analysen und Studien der Kunstsoziologie nicht nur um Vergangenheit und Gegenwart der Künste, sondern auch um deren Fortschritt. Gewiß sind die Vorbedingungen für den Fortschritt in den Eigenschaften des Individuums gelegen, jedoch die treibende Kraft hinter dessen physischen und psychischen Eigenschaften, die letztendlich dem Kunsterlebnis gestern, heute und morgen zur Entstehung verhelfen, findet sich weder beim Individuum noch bei den Gruppen, sondern beim Kontakt der Menschen mit- und untereinander. Diese Feststellung läßt uns verstehen, wenn ausgeführt wird, daß der Künstler allein in seiner Kammer stets derjenige sein wird, der das Kunsterlebnis "erfindet"; die Gruppe indes nie etwas "erfindet". Das heißt, daß die bedeutsame Funktion der Gruppe bei der künstlerischen "Erfindung", der Kreation, darin besteht, die Konditionen zu liefern, die der Funktion des schöpferischen Geistes dienlich sind (J. DUVIGNAUD 1975). Nehmen wir z.B. das Volkslied, von dem oft gesagt wird, es sei nie die Schöpfung eines Einzelwesens, sondern entspringe der Gruppe. Eine solche Feststellung unterliegt einer Illusion, die darauf zurückzuführen ist, daß die Zeitspanne zwischen Schöpfung und Nutzung durch die Gruppe außerordentlich gering ist: der Schöpfer ist eine Person und die Gruppe liefert die Situation sowie die geistigen Voraussetzungen für solche Schöpfungen (G. KLUSEN 1969).

Zwei zentrale Interaktionsprozesse, nämlich Gruppenberührung und Gruppenkonflikt zeigen uns in allen ihren Aspekten und mit allen ihren Folgen - wie Übereinstimmung, Unterschiede, Gruppengeist, Gruppenkampf, Gruppenkontrolle, Gruppenzwang, Gruppenmoral, Protektion, Gesetz, Brauch, Tradition, Führerschaft, Loyalität, Hierarchie, Bürokratie, Schichtung etc. - die sozio-künstlerischen Gruppen als das, was sie sind, nämlich: eine funktionale Gesamtheit. Ihr entspringen zahlreiche Probleme der kunstsoziologischen Forschung wie beispielsweise: das vergleichende Studium von Gruppenangliederungen und Teilnahme durch eine Anzahl verschiedener Kunstproduzenten und Konsumenten; die funktionalen Beziehungen des Inhalts eines Romans, einer Oper oder eines Films und seines Stils zur sozialen Umgebung; die Beziehungen und Gegensätzlichkeiten zwischen einem spezifischen Typ der sozio-künstlerischen Gesellschaft (liberal, totalitär, sozialistisch etc.) und dem Inhalt des Kunsterlebnisses; unterschiedliche Interpretationen und Rezeptionen von Kunstwerken und ihre Beziehungen zu verschiedenen sozialen Strukturen, Umständen und Situationen; soziale Konflikte bei der Aufrechterhaltung von Gruppengrenzen usw.

Bei der Lösung bzw. Erforschung dieser und anderer Problemkreise im Rahmen strukturell-funktionaler Analysen tritt wie aufgezeigt immer wieder das Gruppenkonzept in den Vordergrund, was aber nicht heißen kann, daß es an der Kunstsoziologie ist, Diskussionen über Entwicklung, Wandel, Begrenzung oder Ausdehnung des Konzepts zum Gegenstand des empirisch ausgerichteten kunstsoziologischen Schaffens zu machen.

Es genügt, daß der Kunstsoziologe sich den Erkenntnissen der Gruppenforschung bedient, so wie sie in zahlreichen Schriften dargelegt sind (bei D. CARTWRIGHT u. A. ZANDER 1960; E.K. SCHEUCH/TH. KUTSCH 1975, S. 61 ff. ; R. KÖNIG 1980, S. 112ff.; A. BELLEBAUM 1983, S. 30ff.) damit er das Kunsterlebnis gruppensoziologisch zu erfassen in der Lage ist. Auf dieser Grundlage ist das funktionale Ganze zu erschließen, wobei allerdings über zweckdienliche Merkmale wir Primär- und Sekundärgruppe, in- und out-group, Klein- und Großgruppen usw. - ohne sie zu ignorieren - hinauszugehen und den folgenden Merkmalen bzw. Funktionsvoraussetzungen Aufmerksamkeit zuzuwenden ist:

- Veränderliche Anzahl von Personen, die durch Prozesse der Interaktion in relativ beständiger Weise miteinander verbunden sind.
- Kommunikation zwischen den Mitgliedern der Gruppe erlaubt den einen, Nutzen aus den Erfahrungen der anderen zu ziehen, wodurch sich allmählich eine relative Homogenität von Ansichten, Empfindungen und Aktionen herausbildet.
- Aus der Ansammlung von Erfahrungen hervorgegangene Formen des Gruppenverhaltens, die als Richtlinien für Attitüden dienen, wobei die Homogenität der Attitüden bei den Mitgliedern der Gruppe das Bewußtsein ihrer für sie charakteristischen Ähnlichkeit und ihrer Unterschiedlichkeit mit Bezug auf andere Gruppen hervorbringt.
- Bestehen eines zu gleicher Zeit kognitiven und affektiven Kollektivbewußtseins, durch das die Individuen sich mit ihrer Gruppe durch emotionale Bande verbunden fühlen.
- Hervorbringung von Kohäsion und sozialer Solidarität durch Empfindungen der Loyalität gegenüber der Gruppe.
- Beziehungen zwischen den Mitgliedern der Gruppe, die nicht auf gelegentlichen Antrieben beruhen, sondern auf bestimmten Typen von Verhaltensmustern.

4. Zentrale Themen der funktionalen Analyse

a) Gruppenberührung und Gruppenkonflikt

Folgt man dem bewährten soziologischen Grundsatz, Phänomene im Zustand der Bewegung zu beobachten, da sie erst dann ihr volles Ausmaß zeigen, bietet das Bestehen von Berührungen und Konflikten zwischen Kunst produzierenden und Kunst konsumierenden Gruppen ein offenes Bild. Immer vom Kunsterlebnis als soziale Tatsache ausgehend, läßt sich entweder sagen, daß Berührungen und Konflikte durch einen Kreislauf entstehen, der vom Herzen zu Intellekt und Empfindung verläuft und von dort zurück zum Herzen; oder, besonders wenn bei dem funktionalen Geschehen die Erforschung der letzten Gründe des Seins einer Kunstform im Vordergrund steht, läßt sich sagen, daß der Kreislauf mit einer Kombination aus Empfindung, Herz und Intellekt beginnt, wobei dieser die Steuerung übernimmt. Bei diesen hier in höchst vereinfachter Form dargestellten Vorgängen handelt es sich um zwei grundverschiedene Prozesse: Beim einen wirkt der Kunstkonsument direkt als Katalysator zwischen Geben und Nehmen, beim anderen greifen die Beziehungen des Kunstproduzenten zu seiner Zeit, zu dem im Hintergrund des künstlerischen Systems stehenden Sozialen ein. Während sich der erste Vorgang mehr oder minder als psychologisch bestimmt ansehen läßt, bringt der zweite das Soziale bzw. den sozialen Hintergrund des funktionalen Geschehens nach vorne. Wenn beispielsweise A. VON MARTIN in seiner "Soziologie der Renaissance" (1949) den Zusammenhang des Auftretens der nackten Figur in der Kunst dieser Epoche analysiert, beschränkt er sich nur auf die Funktion eines Systems (dem des Stadtstaates), um aufzuzeigen, "welche soziologische Funktion auch der Humanismus für jene Zeit erfüllte" (S. 53). Mithin lassen sich zentrale Themen, beispielsweise die Mutationen von Kunstwerken, entweder als Evolutions- oder Ablösungsfunktion analysieren oder als Berührungs- und Konfliktsfunktion zwischen Schöpfern und dem einem spezifischen sozio-künstlerischen System angehörenden Konsumenten.

Das hier folgende, dem Musikleben entnommene Beispiel zeigt, wie durch die beiden unterschiedlichen Kreisläufe bestimmte Gruppen in Konfliktsituationen geraten können. Und zwar handelt es sich um die Auseinandersetzungen, die sich an Werk und Ausführungen des Komponisten ARNOLD SCHÖNBERG (1874-1951) entzündet haben. Da der als Begründer der Komposition mit zwölf Tönen in die Musikgeschichte eingegangene Schönberg in seiner "Harmonielehre" (Leipzig/Wien 1911) nahegelegt hat, daß Schönheit nur eine psychologische Gegebenheit des Einfühlungsvermögens der Unkreativen sei, durch die sie an der kreativen Erfahrung teilnehmen, also ein bloßes Beiprodukt des kreativen Prozesses, schafft jeder, der zur Annäherung an Schönbergs Musik von dieser Meinung ausgeht, einen Konflikt zwischen der Produzentengruppe "Schönberg und Anhänger" und den Konsumentengruppen, die diese Aussage als zeitwidrig, bzw. wie es in diesem Fall heißt, als "unmusikalisch" ansehen. Ähnlich gelegen ist auch der Konflikt zwischen Komponistengruppen und spezialisierten Konsumentengruppen wie Kritiker, Mäzene oder Musikwissenschaftler, Konflikte, die z.B. durch TH.W. ADORNOs "Philosophie der neuen Musik" (Tübingen 1949), einer provokatorischen Schrift über den Wechsel des Komponierens und der Funktion von Musik, hervorgerufen wurden und ihre Auswirkungen bis hin zu Gruppenfeindschaften und -kämpfen noch heute zeitigen.

Mehr allgemein gesprochen und sich auf alle Kunstformen beziehend, gehört in den vorliegenden Rahmen auch die funktionale Analyse des Verhältnisses zwischen Kunstproduzenten und Interpreten, eine Beziehung, die sich je nach dem Kunstgenre hinter den verschiedensten Fragestellungen verbirgt. Eines dieser Probleme ist der sog. "gemeinsame Dienst an der Kunst", ein anderes das der sog. "Werktreue" und wieder ein anderes das des "Herrschafts- oder des Diener-Herr-Verhältnis". Gerade letzteres ist typisch für bestehende Gruppenberührungen und

-konflikte, wenn davon gesprochen wird, daß sich hier eine Funktionsphase zeige, bei der sich Verdinglichung von Beziehungen als ein notwendiges Stadium der gesellschaftlichen Entwicklung auch im Bereiche der Künste zeige. Auch das stetig sich wiederholende Verlangen nach Erziehung der Jugend zum Lesen, Hören und Sehen als Vorbedingung zum Verständnis des zeitgenössischen Kunstschaffens gehört zu dem hier angesprochenen Problemkreis, indem es die Konsumentengruppe der Kunsterzieher in die Mitte eines funktionalen Verhältnisses von sozio-künstlerischen Interaktionen stellt.

Dort, wo bei der Berührung und dem Konflikt zwischen verschiedenen künstlerischen Produzentengruppen gerne als von bloßen Meinungsverschiedenheiten oder Ansichtssache gesprochen wird, handelt es sich funktional gesehen um weit mehr als um teilweise im luftleeren Raum stehende soziale Allgemeinplätze. Wenn auch die Gruppierung um gewisse hervorstechende Persönlichkeiten nicht erst von heute ist, hat sich dieser Prozeß jedoch in unseren Tagen so sehr verstärkt, daß die unzweifelhaft gewinnbringenden Vorteile von Meinungsaustausch und Meinungsgegensatz - diese zur Entstehung und Evolution des Kunsterlebnisses funktionalen Prerequisiten, um nicht zu sagen Notwendigkeiten - zu einer Art "Klassenkampf" geworden sind. Denn nicht wie ehedem werden künstlerische Inhalte gegenübergestellt, sondern Ideologien, die sozio-künstlerischen Produzentengruppen innewohnen oder propagiert werden. Die Folgen solcher Konflikte, denen die Analyse des Kunstsoziologen besonderes Interesse zuzuwenden hat, sind fast unübersehbar. Nicht nur wird im Verlaufe des Konflikts das Kunsterlebnis zertrümmert, sondern wird mit zunehmender Stärke des Konflikts überdies die Zerstückelung einer sozio-künstlerischen Gesellschaft hervorgerufen, die bis vor geraumer Zeit immerhin noch eine gewisse Homogenität in bezug auf die einzelnen Kunstsparten aufzuweisen hatte. Hinzu kommt, daß die anwachsende Stärke des hier angesprochenen, besonders durch ein willkürliches Literatentum geschürten Konflikts unumgänglich zur künstlerischen Unehrlichkeit führt, wenn nicht gar zum schlimmsten, was den Künsten und ihren Produzentengruppen geschehen kann: die Unmöglichkeit, sich von Gruppe zu Gruppe zu verstehen, sei dies mit Bezug auf das Vergangene, das Gegenwärtige oder das Zukünftige.

Das hier angeführte, die Kommunikation zwischen Gruppen erlahmende oder gar vernichtende dysfunktionale Geschehen macht sich meist dann bemerkbar, wenn im Felde der Künste Überlegungen angestellt werden, die das "Neue" in Literatur, Film, Musik, bildender Kunst oder Kunsterziehung mit Erörterungen über die Funktion der Künste als Berührungsfaktor und Bindeglied innerhalb und zwischen Gruppen in Verbindung bringen. Der Kunstsoziologe wird dann mit Erwägungen über steigenden, absinkenden oder nivellierenden Geschmack konfrontiert, mit Wertbestimmungen in bezug auf die diversen Kunstgenres und deren Konsumenten und nicht zuletzt mit philosophischen, politischen, psychologischen und ideologischen Deutungen. Während die einen ihre Grundlage für das Funktionale von Kunstgenres bei den MARX-ENGELSchen Kunstbetrachtungen finden (K. MARX und F. ENGELS 1967), andere bei HEGELs Gedankengängen (G.W.F. HEGEL 1965), bewegen sich wieder andere im DILTHEY-schen Gedankenkreis über die Gegensätzlichkeit zwischen elementarem und höherem Verstehen(W. DILTHEY 1933). Auf diesen und anderen mehr oder minder sozialphilosophischen Deklarationen aufbauend, verlaufen die Bemühungen literarisierender Künstler- und Kunsterziehergruppen, um "Kunst in Funktion" oder Funktionszusammenhänge und Funktionskreise zu erfassen, was vielfach - vor allem mangels präziser Begriffsbestimmungen und Tatsachenmaterialien - entweder bei ideologischen Attakken oder bei überheblichen Selbstverteidigungen endet.

Im Grunde genommen ist es der Sinn der Durchleuchtungen der Funktion der Kunstgenre (z.B. Trivialliteratur, elektronische Musik, Abenteuer-Comics oder kunstgerwerbliche Malerei), durchdringende soziale und kulturelle Berührungspunkte zwischen den produzierenden und konsumierenden Gruppen herzustellen. Indes, da die meisten dieser durchaus lobenswerten Versuche in einen Zusammenhang mit Stilbetrachtungen, Kunsttheorie, Kunstgeschichte oder Formenlehre gebracht werden bzw. davon ausgehen, ergeben sich nicht nur soziologische Mißverständnisse, will sagen, die unangemessene Überschätzung des Funktionalen diesen oder jenen Kunstgenres, sondern vor allem Ungleichheiten über die Bedeutung der Funktion der Gesellschaft angesichts eines Kunsterlebnisses. Entweder sind es in bestimmten Gruppen vorherrschende ideologische Tendenzen, die die Sucht nach dem "Verstehen" eines Kunstwerkes dazu nutzen, gewisse in vorgefaßte Denkschemata passende Funktionen von Kunstgenres heraufzubeschwören, d.h. solche, die diesen überhaupt nicht gegeben sind (z.B. in Trivialmalereien, hierzu W. NUTZ 1975), oder aber es ist die Angst vor dem in den Künsten gelegenen Emotionalen, die sich der Sucht nach "rationalen Einsichten" bedient, um von dort aus Funktionen in Kunstprodukte hineinzudeuten. Auf beide dem kunstsoziologischen Denken widerstrebende Weisen werden die Funktionsgegebenheiten der Künste und denen der sich berührenden Gruppen dem Gesamt der sozio-künstlerischen Gesellschaft entzogen. Es wird verkannt, daß selbst Kunstgestaltungen, die auf den ersten Blick als exklusivstes Anti-Jedermann-Genre in Erscheinung treten (absurdes Theater, gekratzte Bilder, konkrete Musik etc.) sowohl zur Herstellung wie zu ihrem Empfang gewisser Gesellschaftsgruppen bedürfen, selbst wenn beispielsweise von Computern hergestellten Kreationen gesagt wird, sie regten nicht an, seien nicht nachvollziehbar oder was immer als dysfunktional gegen sie vorgebracht wird. Auch hier, so ist nochmals zu betonen, handelt es sich aus der Sicht des Soziologen nicht länger nur um die Funktion von einzelnen Kunstgenres, sondern um ein funktionales Geschehen als dierekte Folge der Strukturen sozio-künstlerischer Gruppen.

Auch bei einem Blick auf den Kunstkonsumenten zeigt sich recht deutlich die Funktion der Gruppe in bezug auf das Kunsterlebnis. Da stehen zum Beispiel Interpretengruppen miteinander in Berührung, wenn wir an die zahlreichen Wettbewerbe mit ihren Preisen, Karrieremöglichkeiten, Zukunftserwartungen und den sich dauernd verschärfenden Anforderungen denken. Ferner sind in diesem Zusammenhang die zahlreichen Gruppierungen von Kunst-Amateuren zu erwähnen (von Chorsängern über Volkshochschul-Literaten bis zu Theaterspielern), bei denen sich eine doppelte Gruppenberührung zeigt: einmal die Entwicklung intellektueller und künstlerischer Qualitäten in bezug auf Fähigkeit, Empfindung, Wißbegierde, und zum anderen das Eindringen der künstlerischen Kultur in breite soziale Schichten. Auch die Berührungen und Konflikte zwischen Interpreten- und Publikumsgruppen machen einen wesentlichen Bestandteil der kunstsoziologischen Forschung aus, gleich ob zu den Interpreten Konzertgeiger, Museumsführer, Buchrezensenten, Verfasser von Ausstellungskatalogen etc. gezählt werden. Der diesen Beziehungen zugrundeliegende Kommunikationsprozeß wird von seiten der Interpretengruppe in schlichter Alltagssprache als "Fühlung mit dem Publikum" umschrieben, von seiten der Publikumsgruppen als "Mitreißen", "Kaltlassen", "Verständnis erwecken" u.ä.m. - alles funktionale (Vermittlungs-) prozesse, die allerdings <u>direkt</u> nichts mit der Analyse von Interpretenattitüden und/oder Publikumsverhalten zu tun haben. Dies geht übrigens schon daraus hervor, daß die Einschaltung technologischer Mittel wie Schallplatte, Radio, Fernsehen in den zwischen Interpreten- und Publikumsgruppen stattfindenden Kommunikationsprozeß die Kunst der Interpreten zu stetig größerer technischer Perfektion geführt hat. Denn während der Interpret auf der Bühne oder im Konzertsaal Illusionen hervorrufen kann, wird er durch die elektronischen Medien "demaskiert", da sie das künstlerische Ereignis sozusagen sowohl ästhetisch als auch funktional zu gleicher Zeit bezeugen und bereinigen. Von besonderer Bedeutung für Gruppenberührungen und Gruppenkonflikte sind die Funktionen jener Gegebenheiten geworden, die durch die Verkürzung von Kommunikationslinien mittels technologischer Mittel zustandegekommen sind. Gemeint sind hier der internationale Kulturaustausch, beispielsweise durch reisende Kunstausstellungen oder Symphonieorchester, die durch die Zurschaustellung nationaler Kreationen Berührungen und Einflüsse hervorrufen; durch den Kunsttourismus, bei dem sich aus unterschiedlichen Kulturkreisen kommende Gruppen bei Festspielen etc. treffen; durch internationale Austauschprogramme, die entweder über zwischenstaatliche Kulturabkommen oder über Vereinbarungen zwischen Rundfunkanstalten zustandegekommen sind; und nicht zuletzt durch Akkulturations- und Integrationsprozesse, hervorgerufen durch Emigranten- und Gastarbeitergruppen.

Bleibt als letztes zu erwähnen, daß häufig sich berührende oder miteinander konfligierende Gruppen gleich welcher Art und Größe unter dem Einfluß einer Führerpersönlichkeit stehen, die die Richtung ihrer Funktionen bestimmt. Auch die Kunstsoziologie kommt nicht umhin, sich mit dem Problem der Gruppenführerschaft bzw. dem Problem der Funktion solcher Gruppenpartikel zu befassen, die unter Führerschaft an einem sozio-künstlerischen Prozeß teilnehmen. Dies gilt insbesondere dort, wo Führerpersönlichkeiten ohne Diskussion, sei es bewußt oder unbewußt, freiwillig oder gezwungenermaßen Folge geleistet wird. Je nach der Gestaltung dieser interaktionellen Beziehung kann diese sich als eine Stimulus-Reaktions-Beziehung manifestieren oder das Handeln mehrerer Personen in Übereinstimmung mit dem Begehren anderer Personen.

b) Die künstlerische Aktivität

Soweit wurden - stets unter Bezug auf das Kunsterlebnis - einige Beispiele für die Verzweigungen der Funktionen der sozio-künstlerischen Gruppen aufgezeigt. Implizit wurden auch Gruppennormen angesprochen, wie sie in gewissen Situationen Veränderungen in den Beziehungen zwischen Produzenten- und Konsumentengruppen beschleunigen, verzögern oder aufhalten können. Dabei wurde stets vermieden, die Materialien der Kunst, dasjenige, was die Kunstwissenschaften die "künstlerische Sprache" nennt, kausal als eine Widerspiegelung sozialer Ereingnisse und Zustände anzuführen bzw. hinzunehmen. Die Nutzung von Widerspiegelungstheorien gleich welcher ideologischer Herkunft, die es sich angelegen sein lassen, aus dem künstlerischen Material auf Zeitumstände zu schließen oder umgekehrt aus Zeitumständen auf die Verwendung dieser oder jener Materialien, ist nicht Sache der empirischen Kunstsozologie (V. KARBUSICKY 1973). Allein schon aus dem Grunde, daß mentale Phänomene, wenn sie von einem empfindsamen Verstand getrennt werden, keinerlei Existenz aufweisen, macht Widerspiegelungsschlüsse zu einem unmöglichen analytischen Vorgehen. Hinzu kommt, daß wenn den Materialien der Kunst die Ursache für Fortentwicklung oder Verlust konventioneller oder traditioneller Formen und Kennzeichen zugesprochen wird, damit das künstlerische Material selbst zum Milieu der Kunst erhoben wird. Es verschwinden dann, wie wir schon seit H. TAINEs Milieutheorie (1882) wissen, die Gruppen mitsamt ihren Funktionen so stark in den Hintergrund, daß durch den Versuch der Beherrschung des Milieus durch das künstlerische Material das individuelle wie das kollektive Kunsterlebnis vernichtet wird. Gearde durch die funktionale Gestaltung der Gruppen (J.-M. GUYAU 1889, spricht von "lebendigem Leben") errichtet sich eine Schranke gegenüber Zerstörungen dieser Art. Handle es sich in diesem Zusammenhang um gleich welche das Leben der Künste betreffenden Neuerungen - die Rückbeziehung sowie das Angewiesensein auf Vorhergehendes hat sich als unumstritten erwiesen. Dementsprechend ist zu sagen, daß es mit zu den Funktionen der sozio-künstlerischen Gruppen gehört, die Distanz zwischen vorhergehenden und neuen Materialien, gleich aus was sie bestehen oder wie sie entstanden sind, nicht unübersehbar groß werden zu lassen.

Gerade diese funktionale Aufgabe strukturierter Gruppen verdeutlicht den empirisch begründeten Annäherungsweg an Kunst und Kunsterlebnis, der nicht nur als Forschungsmethode Gültigkeit besitzt, sondern überdies auch als Methode der Interpretation. Indem von der Funktionalität der Gruppe ausgegangen wird, d.h. grob gesagt vom Aggregat von Personen, die die gleiche Tätigkeit ausüben, wird jener primitiv-utilitaristische Weg vermieden, der sich mit seinen Analysen in der Form von Nützlichkeit, Herkunft und sich unentwegt wiederholenden, alle Realität verblendenden Erklärungen des "Willens zur Kunst" dem aktuellen Kunsterlebnis, um das es letzten Endes einer Humanwissenschaft geht, entgegengestellt. Jeder Teil der sozio-künstlerischen Gesellschaft ist nach dem zu interpretieren, was er tut, nach seinen Funktionen; denn nur so läßt sich gemäß der den Empiriker leitenden Regeln feststellen, was ist, und nicht, was sein sollte.

Zweifellos bedeutet es für einen jeden Soziologen eine Banalität niederzuschreiben, daß Gruppen für ihre Existenz auf Aktivitäten, in der soziologischen Terminologie gesprochen, auf soziales Handeln angewiesen sind. Dennoch ist dies zu betonen, da sich hieraus die Notwendigkeit ergibt, der Erkenntnis der verschiedenen Modi der künstlerischen Aktivität und ihren Ursachen nachzugehen, bevor es möglich ist, den Charakter einer sozio-künstlerischen Gruppe und ihres Kunsterlebnisses zu verstehen. Zur Exemplifizierung dieses gruppenrelevanten Prozesses legen wir angesichts des zur Verfügung stehenden Raumes nur einen unter vielen Problemkreisen vor, und zwar denjenigen, der unter der Überschrift: die Stimuli zur künstlerischen Aktivität zum ureigensten Gebiet der kunstsoziologischen Forschung gehört. Kunst-, Musik-, Literaturwissenschaftler, Sozialgeschichtler, Kommentatoren und andere um das Leben der Künste bemühte Analytiker wenden sich dem

Stimulus zur künstlerischen Aktivität nur selten oder höchst global zu. Die Mehrzahl unter ihnen zieht es vor, sich der in den diversen Kunstformen gelegenen Kraft, Intensität, Energie oder ihrer Immanenz ausschließlich und bewertend zuzuwenden. Dem Stimulus zur künstlerischen Aktivität, gleich ob Geben oder Nehmen, wird nur nebenbei, meist anhand vergnüglicher oder Mitleid erweckender Anekdötchen Aufmerksamkeit geschenkt. Dies, obwohl man sehr genau weiß, daß Natur und Intensität der künstlerischen Aktivitäten durch einen wie immer gearteten Stimulus zumindest angeregt, wenn nicht gar bestimmt werden.

Für die kunstsoziologisch ausgerichtete funktionale Analyse lassen sich grosso modo gesprochen zwei Hauptkategorien von Stimuli unterscheiden. Die erste umfaßt alle diejenigen Bedürfnisse und Gefühlsregungen, die sich als universal, als natürlich erkennen lassen: sie sind für ihr Bestehen nicht vom Entwicklungsstand der in Frage stehenden Kunstform abhängig. Gruppenspezifisch gesehen fallen hierunter das Soziabilitätsbedürfnis und andere rein gefühlsmäßig bedingte Momente, die mit den sozialen Beziehungen der Menschen untereinander in Verbindung stehen. Die von diesem Stimulus angeregten bzw. geleiteten oder bestimmten künstlerischen Aktivitäten variieren zwar im Verlaufe der Entwicklung der Funktionen, bleiben aber gleich in welcher Form ursprüngliche Grundstimuli für das künstlerische Leben. Insoweit in diesem Zusammenhang von "Bedürfnissen" gesprochen wird, gilt dies als ein Verweis auf die große Anzahl von künstlerischen Aktivitäten, deren Funktionen durch ökonomische Erfordernisse der sozio-künstlerischen Gruppen stimuliert sind. Zwar ist dieser Faktor allen im Kunstleben sich bewegenden Gruppenmitgliedern wohl bekannt, wird jedoch um der Idealisierung der Künste willen leichtfertig und gerne übergangen. Die kunstsoziologische Forschung hat jedoch in ihre Analysen einzubeziehen, daß die Macht der Bedürfnisse mit der Entwicklung der künstlerischen Gesellschaft stetig größer wird; daß die hierdurch hervorgerufenen künstlerischen Aktivitäten mehr und mehr variieren und ihre Reichweite sich ausdehnt. Durch den Druck, die in der Gesellschaft sich neu bildenden Bedürfnisse zu befriedigen, wurden und werden immer mehr Aktivitäten stimuliert, die bis hin zu ausgedehnten und komplexen Assoziationen geführt haben. Im Rahmen dieser ersten Antriebskategorie bleiben natürlich auch solche oft heraufbeschworenen Ideale wie Lebensstandard oder Lebensqualität funktional von Bedeutung.

Die zweite Hauptkategorie umfaßt die _abgeleiteten_ Stimuli, vor allem die von spezifischen Kulturwirkekreisen herrührenden. Hierunter fallen beispielsweise ästhetische Bedürfnisse der Gruppen, die durch die Perzeption des Schönen funktional befriedigt werden: Ideale des Schönen werden in Gefühls- und Verstandesformen umgesetzt, d.h. in künstlerische Aktivitäten. Das Schaffen besagter Ideale ebenso wie die Rezeption derselben erfordert das Wissen um die tieferen Probleme des Lebens: die Berührung der Mitglieder der Gruppen als soziale Wesen mit dem Leben in einer Weise, das aus ihm die Funktionalität des Stimulus hervorgehen kann. Diesbezüglich läßt sich gar von einem "äußeren Zwang" im DURKHEIMschen Sinne sprechen (E. DURKHEIM 1976), der wie ein Anführer dem Werk wie dem Kunsterlebnis zum Entstehen verhilft. Auch sind hier die Bedürfnisse des Intellekts als Stimuli zur funktionalen Bestimmung des Charakters und der Intensität des künstlerischen Gruppenlebens anzuführen: beispielsweise Schule, Vortrag, Zeitschrift, Buch, Rundfunk etc., die lehrend, erläuternd, entdeckend einen abgeleiteten Stimulus ausmachen. Auch moralische Bedürfnisse, darunter vordringlich Glaube und Religion sind als Stimuli künstlerischer Aktivitäten anzuführen, was manche Kunstsoziologen dazu geführt hat, die kunstsoziologische Forschung mit religionssoziologischen Erkenntnissen in direkte Verbindung zu bringen (siehe z.B. P. HONIGSHEIM 1958). Generell ist zu sagen, daß die empirische Kunstsoziologie die mannigfachen Stimuli zur künstlerischen Aktivität in erster Linie von dort aus versteht und analysiert, wo sie sich beobachtbar wahrnehmen und erkennen lassen - als funktionale Interaktionen strukturierter sozio-künstlerischer Gruppen.

c) Geschmack, Geschmackskontrolle und Kunststatistik

Der künstlerische Geschmack - dieses Vermögen, künstlerische Schönheit, Annehmlichkeit, Anordnung oder was immer künstlerische Trefflichkeit ausmacht, zu schaffen, zu besitzen oder zu erkennen - wird seit Jahrhunderten als eine rein geistige oder gefühlsmäßige Gegebenheit angesehen und, wenn wissenschaftlich behandelt, dem Zweig ästhetisch-philosophischer Kontemplationen zugewiesen. Ausgehend von der dem Volksmund geläufigen Redensart, daß man entweder Geschmack hat oder nicht, wird der Problemkreis "Geschmack" mitsamt seinen Entstehungs-, Abhängigkeits- und Auswirkungsfaktoren abgetan. Hierzu dient auch die verfängliche Übersetzung des lateinischen Sprichwortes "de gustibus non disputandum est", das man besser mit "Geschmack ist unbestreitbar" übersetzt: "Denn über Geschmack läßt sich in der Tat streiten. Nur wenn er sich einmal entwickelt hat, wird er irrational und entzieht sich rationaler Verteidigung oder Rechtfertigung" (J.H. MUELLER 1963, S. 113). In der Folge der Rückführung der Erscheinung Geschmack auf "verfeinerte Sinne" oder "kluges Urteil" etablieren sich Werturteile, die sich einerseits gegen oder für Fortschritt und Entwicklung im Kunstschaffen richten, andererseits zu Diskriminierungen von gesellschaftlichen Gruppen führen, indem diese mit dem Vorwurf geistiger Trägheit bedacht werden, weil sie dieser oder jener Kunstäußerung nicht zugetan sind.

Gewiß kann geistige Trägheit als ein trächtiges Argument in die Diskussion eingebracht werden, wenn beispielsweise darüber lamentiert wird, daß sich jugendliche Konsumentengruppen lieber Heftchenromanen als dickleibigen Klassikern zuwenden, oder Erwachsene ihr Schlafzimmer lieber mit einer Abbildung vom "Röhrenden Hirsch" als mit einem Kandinsky-Druck zieren. Jedoch werden hiermit nur soziale Verhaltensmuster angesprochen, nicht aber an die Gruppenmitglieder herangebrachte Gegebenheiten, die Trägheit verursachen oder gegebenenfalls davon befreien. Nur diesen Gegebenheiten, besser gesagt, diesen von außen kommenden Kräften (wie beispielsweise Gruppenberührungen) kann der Soziologe nachgehen. Denn sie sind es, die "die Sozialisierung des Geschmacks bewirken" (D. RIESMAN u.a. 1958, S.89), und zwar durch den Prozeß funktionaler Interaktion, der von Kreation über Verbreitung, Standardisierung bis zu Anpassung führt. Hiermit ist zum Ausdruck gebracht, daß die kunstsoziologische Forschung Geschmack nicht (wie die Ästhetik) als Abstraktion untersuchen noch davon ausgehen kann, der künstlerische Geschmack sei ein mystisches oder absolutes Phänomen. Würde es doch zu gravierenden Fehlern führen, an philosophisch verbrämten Auffassungen und Aussagen festzuhalten, nach denen die Künste in einer Welt des Absoluten leben und daher der künstlerische Geschmack von sozialen Kräften unabhängig sei. Ganz im Gegenteil: der künstlerische Geschmack ist ein <u>soziales Phänomen</u>, er ist sozial bedingt und entsteht, lebt und vergeht innerhalb des sozio-künstlerischen Lebens, zu dem er gehört, und ist dementsprechend "weder persönlich, noch privat, noch subjektiv" (J.H. MUELLER & K. HEVNER 1942, S. 13). Es ist am Kunstsoziologen, dem es darum geht, innerhalb der Konstellation Kunst-Gesellschaft die sozialen Eigenarten so zu sehen wie sie sind, zu beachten, daß bei der Bildung von Geschmack es die sozialen Kräfte sind, die hierzu beitragen und sich kurz gesagt als soziales Erbe, als biologische, technologische, soziale und schöpferische Faktoren anführen lassen.

Was nun diese "sozialen Eigenarten" angeht, die das immer wieder im Zentrum kunstsoziologischer Betrachtungen hervortretende funktionale Problem des Geschmacks betreffen, führen sie in erster Linie in das Feld der Beobachtung und Analyse des sog. Publikumsgeschmackes. Die inhaltlichen und zeitlichen Aspekte seines Wandels, die daraus abgeleiteten und abzuleitenden Folgerungen, die Hervorrufung und Verfestigung von Geschmackstendenzen, Bekanntheitsgraden und Lebenszyklen der Werke von Malern, Komponisten oder Schriftstellern, Popularisierungsvorgänge und ähnliches mehr sind einige der Problemkreise, die bei der Bearbeitung durch die kunstsoziologische Forschung in direkter Weise mit Fragen des künstlerischen Geschmackes in Verbindung stehen. Auch die in ihren Auswirkungen sehr bedeutsame Problematik der sich in sozialen Prozessen verdichtenden Geschmacksintegration und Geschmackskontrolle - stets Funktion und Interaktion von Gruppen beachtend - fällt in diesen Rahmen. Wenn festzustellen ist, unter welchen funktionalen Voraussetzungen sozio-künstlerische Integrations- und/oder Kontrollbewegungen stattfinden, zu- und abnehmen, oder wenn es gilt, die Folgen eines hohen oder niedrigen Grades sozio-künstlerischen Zusammenschlusses zu erkennen (eine besonders wesentliche Problematik in der Kunsterziehung), tritt meist kunststatistisches Tun in den Vordergrund.

Den funktionalen sozialen Prozeß des Geschmacks im Grunde genommen nur am Rande berührend und das Kunsterlebnis als ein von der Gesellschaft selbst errichteter "Dienst am Kunden" ansehend, erkundet eine sich der Prinzipien und Methoden der Marktforschung bedienende Kunststatistik quantitativ die Berührung diverser Konsumenten- und Produzentengruppen. Wenn beispielsweise statistisch dargetan wird, daß Museumsbesucher sich in den Sälen figurativer Maler drängen und die der abstrakten kaum frequentieren, oder wenn Rundfunkanstalten bei ihren Hörern musikalische Präferenzen erfragen und dann statistisch Mozart und Beethoven vor Schubert und Ravel rangieren, kann dies höchstfalls eine Antwort auf die Frage nach einem augenblicklichen Stand, nicht aber auf den funktionalen Vorgang sein, d.h. auf die Frage des Zustandekommens dieser

Geschmackspräferenzen. Zweifellos ist es für die soziologische Forschung in gleich welchem Felde eine Voraussetzung, den augenblicklichen Stand der Dinge festzuhalten, was allerdings nicht als eine Antwort auf die Frage: "Wie wurde dieser Stand erreicht?" angesehen werden darf. Von nationalen oder internationalen Organisationen und Institutionen verfertigte Kunststatistiken (meist figurieren sie unter der Überschrift: Kulturstatistik), gleich ob sie Literatur, Theater, Musik oder bildende Kunst betreffen, können vordergründig nur als Instrument einer auf Marktaufteilung und -gestaltung, bzw. Programmeinteilung und -gestaltung ausgerichteten funktionalen Kontrolle dienen. Erst in zweiter Linie - und dementsprechend konzipiert - können sie als Lieferant von Grunddaten dazu benutzt werden, funktionale Prozesse zwischen den sozio-künstlerischen Gruppen in bezug auf Geschmacksbeeinflussung, Geschmacksnachahmung, Geschmackskontrolle und/oder Geschmacksdiktatur zu erkennen.

Vielfach enden diesbezügliche Analysen wie solche, die sich beispielsweise mit der Juxtaposition von "populärer" und "elitärer" Literatur, "ernster" und "leichter" Musik etc. befassen; bei einer Deduktion des Zustands eines Gesellschaftssystems aus dem Kunstwerk. Ohne Beobachtung oder Dokumentation der Funktion von Produzenten- und Konsumentengruppen, den Blick nur auf das Werk gerichtet, wird irgendein Kunstgenre zum Sympton des Zustands einer Gesellschaft erhoben und daraus gefolgert, dieser allein habe eine spezifische Kunst- und Geschmacksrichtung bestimmt. Das mag manchesmal der Fall sein (beispielsweise wo wir prononciert ideologischen Nomenklaturen wie Volksgemeinschaft, Sektierergeist, Ausbeutung, Gemeinschaftskunst u.ä. entgegenkommen), erlaubt aber in keiner Weise eine Verallgemeinerung, wenn die Hypothese unter Außerachtlassung des Funktionalen zu Rechtfertigungszwecken von künstlerischen Bewegungen Anwendung findet. Es erweist sich dies recht eindeutig bei der Analyse des wohl stärksten

Grades einer Geschmackskontrolle, nämlich der Geschmacksdiktatur. Ob sich dieser Prozeß so zeigt, daß nach einer politisch-kämpferischen Kunst verlangt wird, die unmittelbar in die geschichtlichen Ereignisse und die Entwicklung der Gedanken und Gefühle eingreift, oder daß Produzentengruppen formalistische Verzerrungen und antidemokratische Tendenzen vorgehalten werden - der funktionale Zentralpunkt liegt dort, wo Kontrolle über den Zutritt zur sozio-künstlerischen Gesellschaft von Kontrolle über bevorzugte Behandlung in Fragen der Verteilung nicht getrennt, sonder mit ihr eng, das heißt geschmacksdiktatorisch verknüpft wird.

Insgesamt wird mit dieser Feststellung der funktional wesentliche neuralgische Punkt für jeden Grad von (bewußter oder erhoffter) Geschmackskontrolle berührt. Auch der mildere Grad der Geschmacksnachahmung oder der Geschmacksidentifizierung - gekennzeichnet durch Bemühungen, breite Leser- oder Hörerschaften durch Vulgarisierung oder Popularisierung von Kunstwerken hervorzurufen - ist letztendlich eine funktionale Frage der Trennung der Kontrolle über den Zutritt von der Kontrolle über bevorzugte Behandlung in Fragen der Verteilung. Nur hierauf gründend - und nicht etwa unter Nutzung des seit geraumer Zeit geläufig gewordenen unentgeltlichen Schlagworts von der "Kulturindustrie" - wird verständlich, wenn Interpretengruppen mit dem Vorwurf bedacht werden, das Publikum mit Hilfe von Mitteln der Propaganda ihrem Diktat zu unterwerfen, oder Hörfunk- und Fernsehorganisationen, bzw. der dort beschäftigten Gruppe der für die Programme Verantwortlichen vorgehalten wird, sie richte den Geschmack der Hörer und Zuschauer her.

Wo immer sich der Kunstsoziologe der Analyse, der Herrichtung oder Umformung von Geschmack zuwendet, sei es im schulischen oder im Konzert- oder Theaterbereich, sind nicht nur die Mannigfaltigkeiten der Strukturen der Produzenten- und Konsumentengruppen sowie deren Kunsterlebnisse zu beachten, sondern überdies die Tatsache, daß Gruppen von ihrer Formation her funktional durchaus mobil sind und daher der Funktionsübergang von einer Gruppe zur anderen immer im Bereich der Möglichkeiten liegt. Wie vor allem sozialpsychologische Erkenntnisse gezeigt haben, ist bei der Analyse von Geschmackskontrolle als funktionalem Gruppenprozeß nicht zu übersehen, daß dem logischen Ende, dem der Kontrolle über Zutritt und Verteilung, ein emotionales Ende gegenübersteht, für das es außer Übereinstimmung und soziale Verständigung keine Regeln der Kontrolle gibt (vgl. hierzu K. YOUNG 1951, Kap. VIII). Sowohl Übereinstimmung als auch soziale Verständigung, also mehr als das, was schlechthin als Konsens angesprochen wird, sind das Ergebnis funktionaler Interaktion von Gruppen. Verfolgt man z.B. den Popularitätsgrad gewisser Kunstgenre, sagen wir der Wiener Operette, und sehen wie volkstümlich sie einstens war und im Laufe der Jahrzehnte an Popularität verlor, um dann - an statistischen Auflistungen ablesbar - wieder häufiger in Spielplänen aufzutreten, zeigen sich hier die Schwankungen des Geschmacks, so wie sie sich durch und über das Kunsterlebnis in der funktionalen Beziehung zwischen diversen Gruppen vollziehen.

Die sinngerechte Erkenntnis funktionaler Vorgänge bei der kunstsoziologischen Analyse von Gruppenbeziehungen mit Bezug auf Geschmack führt über das eindimensionale Verfahren der Suche nach den Kräften, die die Charakteristika von Kunstformen in verschiedenen Kulturen und Epochen bestimmen, hinweg. Sie verfolgt unter Nutzung quantitativer Daten mehrdimensional das sozio-künstlerische Leben der Kunstform mit und durch ihr Erlebnis zur Erfassung eben dieses Gruppenlebens.

d) Arbeit und Beruf

Die Beschäftigung mit den Künsten wird traditionsgemäß als

eine "hehre" Angelegenheit angesehen. "Liebe zur Kunst", "Erleuchtung durch Kunst" und ähnliche Wertkonstellationen haben bis zu einer Fetischhaltung geführt, die entweder bei einer Verdammung der Künste ins elitäre Gefüge endet oder einer Anbetungsattitüde unter Außerachtlassung jedweden materiellen Hintergrunds. Ohne zum Demystifikator zu werden, kann es der Kunstsoziologe nicht unterlassen, auch solche das Künstlerische womöglich befleckenden gesellschaftsgebundenen Realitäten wie die Kunstwirtschaft in die Analyse mit einzubeziehen, auch wenn sie herabwürdigend als Kunstbetrieb oder Kunstindustrie von der Hand gewiesen wird. Sie erweist sich als eine Zusammenführung von sozialen Prozessen, die der Interaktion zwischen künstlerischen Persönlichkeiten und Gruppen sowie Gruppen und Gruppen entspringen und sie bestimmen. Wenn auch nicht unter diesem Namen, ist doch schon mehrfach versucht worden, eine "Kunstwirtschaftslehre" zu entwickeln, beispielsweise für das Theater (A. HÄNSEROTH 1976), den Film (W. DADEK 1957), die Malerei (W. BONGARD 1967), die Musik (H. MATZKE 1927) u.a.m. Natürlich finden sich auch bei allgemeinen Kunstbetrachtungen zwischen den Zeilen hier und dort Hinweise auf die Beziehungen zwischen Ökonomie, präziser gesagt ökonomischen Zu- und Umständen und Kunst; jedoch meist sozialgeschichtlich ausgerichtet oder im Rahmen der gesamten Stufenleiter sozialer Aktivitäten. Dadurch wird vermieden, das von uns immer wieder zu betonende Kunsterlebnis als bindenden zentralen Ausgangs- und Endpunkt kunstsoziologischer Betrachtungen und Analysen mit "Materialismus" in Verbindung zu bringen und versucht, die Künste auf das gesellschaftlich unnahbare Piedestal ihrer Unübertrefflichkeit zu stellen.

Vor allem sind es die Biographien und Monographien von Künstlern, die in den meisten Fällen die Funktionalität wirtschaftlicher Prozesse zu übergehen pflegen, so daß die von ihnen vorgestellten Persönlichkeiten den Konsumenten als in splendider Absonderung, als von wirtschaftlichen Prozessen unabhängig lebende Produzenten vorgestellt werden. Es ist nun einmal für das Bild des Kunstproduzenten "idealer" und für das des Kunstkonsumenten "inniger", beide Gruppen gleichermaßen sozusagen im Null-Zustand sozialer Interaktion zu belassen. Der Soziologe kann indes nicht umhin, sozio-ökonomische Prozesse auch im Felde der Künste als durchaus natürliche gesellschaftsgebundene Vorgänge anzusehen, zumal er davon auszugehen hat, daß die Künste mit allen ihren Wirkekreisen (ebenso wie so viele andere, sich weniger als "geistig" oder "intellektuell" gebende soziale Aktivitäten) imstande sind, sich professionell, amateurisch, kommerziell oder institutionell zu organisieren. Unter diesem Blickwinkel betrachtet, verliert Kunstwirtschaft den ihr verliehenen odiösen Beigeschmack und die ökonomische Funktion stellt einen die Künste keineswegs erniedrigenden Faktor dar, den zu analysieren sich die Kunstsoziologie angelegen sein lassen muß. Wenn beispielsweise nachgewiesen werden konnte, daß das Kunstgenre "Oper" nicht nur eine Zusammenführung von Kunstformen ist, sondern auch eine Verknüpfung von Geschäft und Kunst, aus der spezifische Musikerlebnisse hervorgehen (W.L. CROSTEN 1948), sehen wir die aktive kunstwirtschaftliche Funktion von Gruppen ebenso demonstriert, wie wenn von der Fusion zweier städtischer Theater die Rede ist. Ob es sich um Betriebswirtschaft, Kundendienst, Beruf oder um Haushaltspläne für künstlerische Assoziationen, Organisationen oder Institutionen handelt, alles dies sind Vorgänge, die in Bezug zu den sozio-künstlerischen Funktionen von Produzenten- und Konsumentengruppen stehen.

Im vorliegenden Rahmen kann nicht allen den vielseitigen Verzweigungen und Verflechtungen der Kunstwirtschaft und des Kunstbetriebs nachgegangen werden. Wir beschränken uns als erstes auf das Phänomen der Arbeit bzw. das des Berufs als einer Konsequenz der Kunstwirtschaft, so wie es durch die Wechselwirkung sozialer Aggregate untereinander und mit ihren Mitgliedern geschaffen wird. Ohne in tiefschürfende Diskussionen einzutreten, ist davon auszugehen, daß primitive Gesellschaften durch Brauch, Ähnlichkeit und die Autorität der Ältesten zusammengehalten wurden; die komplexeren Gesellschaften hingegen durch die gegenseitige Abhängigkeit spezialisierter und unterschiedlicher Berufsgruppen aufrechterhalten werden. (hierzu TH. CAPLOW 1954). Arbeit und Beruf werden daher im Prinzip entweder von der funktionalen Seite aus und nach den Hauptformen sozialer Interaktion analysiert (Opposition, Konkurrenz, Konflikt, Kooperation) oder aber im Rahmen von Untersuchungen derjenigen Rollen, die sich aus der Klassifikation der Menschen entsprechend ihrer Arbeitsleistungen ergeben. Es ist also zu verstehen, daß Studium und Analyse der künstlerischen Arbeit und des künstlerischen Berufs von verschiedenen Seiten aus unternommen werden können und sich nicht ausschließlich auf das funktionale Prinzip zu beschränken haben, wenn auch dieses bei empirischen Untersuchungen meistens überwiegt.

Faßt man eine Anzahl von Studien über das Entstehen der Berufssituation von Künstlergruppen zusammen, wird meist der eine oder der andere der hier folgenden Gesichtspunkte hervorgehoben: 1. geschichtliche Entwicklung des spezifischen Berufsstands; 2. gesellschaftliche Eingliederung; 3. Arbeitsmarkt; 4. künstlerische Voraussetzung; 5. wirtschaftliche Bedingungen. Kein Zweifel kann darüber bestehen, daß diese Gesichtspunkte auf alle jene Berufe zutreffen, die, manchesmal recht irreführend, als "freie Berufe" angeführt werden und sich somit für diesbezügliche kunstsoziologische Untersuchungen als durchaus gültig erweisen. Allerdings spielen für den Kunstsoziologen, der sich diesem Teilbereich der Kunstwirtschaft faktisch-funktional zuwendet noch ganz andere Momente eine Rolle. Ein hierzu aus dem amerikanischen Raum kommendes Beispiel liegt zwar schon eine Weile zurück, zeigt jedoch deutlich die Behandlung eines aktuellen Problemkreises durch den empirisch arbeitenden Soziologen. In den fünfziger Jahren wurde in den

Vereinigten Staaten von Amerika eine Erhebung über "The National Crisis for Livemusic and Musicians" durchgeführt, welchselbe zusammengefaßt die folgenden Ergebnisse erbrachte: 1.) Im Jahre 1954 verdienten nur 33% der Musiker in Amerika in ihrem Beruf mehr als in anderen Berufen. 2.) 35% wandten sich anderen Berufen zu. 3.) 17% wandten sich nichtmusikalischen Berufen zu, fanden aber gelegentlich musikalische Arbeit. 4.) 15% befaßten sich mit Musik in verwandten Berufen wie Unterricht oder Musikarrangements. Im Jahre 1956 verschlechterte sich die Situation der 256.000 um diese Zeit in der "American Federation of Musicians" zusammengeschlossenen Mitglieder. Während im Jahre 1930 für Musiker gemäß der Umfrage 99.000 Stellen zur Verfügung standen, gab es durch das Aufkommen des Tonfilms im Jahre 1940 nur noch 79.000 Arbeitsplätze, und bedingt durch die hohe Besteuerung von Unterhaltungsstätten im Jahre 1954 nur noch 59.000. Voraussehend, daß Schallplattenaufnahmen und Fernsehen die Arbeitslage wahrscheinlich nicht verbessern werde und der Arbeitsmangel auch nicht durch die vielen in Amerika bestehenden Sinfonieorchester ausgeglichen werden könne, da diese fast alle nur 3 bis 8 Monate im Jahr spielen, unterbreitete die oben angeführte "Federation" Vorschläge, unter denen sich auch das Verlangen nach staatlicher Subvention befand.

Dieses Beispiel (ähnliche Erhebungen wurden in vielen Ländern bis auf den heutigen Tag durchgeführt) dient dazu, jene zu beachtende Interaktion zu illustrieren, bei der professionelle und wirtschaftliche Elemente in einem funktionalen Verhältnis zueinander stehen. Und was den sozio-musikalischen Prozeß in seiner Gesamtheit betrifft, erhellt er sich durch die Einbeziehung der "American Federation of Musicians" in die Situation. Denn überall, wo sich Gewerkschaften, Genossenschaften, Assoziationen, Organisationen und Institutionen (im Falle der Musik z.B. Instrumentenfabrikanten, Musikverleger, Orchesterverbände, Rundfunkanstalten, Verwertungsgesellschaften u.a.m) aktiv um ihre Interessen bemühen, nehmen sie funktional am Gesamtprozeß des Musikerlebnisses teil. Wir haben diese Teilnahme zu beachten, da hierdurch vielfach Wertkonstellationen hervorgerufen werden, die als günstig , fördernd, schädlich, unerwünscht oder gar als unmoralisch nach vorne treten.

Im zweiten hier anzuführenden Beispiel wird der Blick insofern erweitert, als die berufliche Situation der Künstlergruppen über die Beziehung zu einzelnen Konsumentengruppen hinaus in das Gesamtgesellschaftliche eingebaut ist. Anders ausgedrückt, ist von der Wirtschaftlichkeit des Berufs ausgehend einerseits die soziale und wirtschaftliche Stellung des Künstlers zu erkennen, andererseits die Reaktionen der Gesellschaft, dasjenige, was wir an früherer Stelle bei der Behandlung der historischen Komponente (S. 81ff.) als das Erscheinungsbild des Künstlerberufs angeführt haben. Beim Thema Wirtschaftlichkeit wird meist auf die Entwicklung des Mäzenatentums verwiesen. Wenn dargestellt wird, wie sich Bischöfe durch den Auftrag eines Altarbildes verewigt haben, Adelige durch die Ausstattung ihrer Häuser, zeigt dies im Grunde genommen nichts anderes, als daß einige Künstler, und bei weitem nicht alle, durch das Mäzenatentum ihre soziale und wirtschaftliche Existenz haben behaupten können. Es sind kunsthistorische Berechtigungsnachweise, bei denen der Sozialisationsprozeß des Künstlers und hiermit verbunden seine Professionalisierung übergangen werden. Will der Soziologe der Stellung des Künstlers im Rahmen seiner Professionalisierung und seiner wirtschaftlichen Lage in der Gegenwart nachgehen, liegen ihm hierzu genügend Auflistungen zur Verfügung. Um aus der Menge dieser Zusammenstellungen nur einige der Sache dienliche als Beispiel anzuführen:

1. Der Mikrozensus vom Oktober 1957, entnommen aus dem "Statistischen Jahrbuch für die Bundesrepublik Deutschland", 1961, Seite 146, weist folgendes Bild auf:

	Beruf	Erwerbspersonen (in 1ooo) 1957	195o (insg.)	195o (Selbst.)
8311	Bildhauer	1,7	2,o	1,8
8312	Kunstmaler, Kunstzeichner	12,7	11,9	9,3
8319	Sonstige bildende Künstler	24,o	7,4	1,4
831	Bildende Künstler insgesamt	38,4	21,3	12,5
8321	Schauspieler	4,4	6,9	o,9
8323	Bühnen-, Konzertsänger	3,5	4,6	o,9
8326	Tänzer	2,1	3,1	1,1
9327	Artisten	o,7	3,2	o,9
8329	Sonstige darstellende Künstler	o,7	1,4	o,4
832	Darstellende Künstler insg.	11,4	19,2	4,2
8341	Musiker insgesamt	19,o	31,o	6,4
8351	Kunstgewerbler	1,6	2,5	1,2
8352	Sonstige künstl. Hilfsberufe	2,8	1,1	o,3
835	Künstl. Hilfsberufe insg.	4,4	3,6	1,5
83	Künstlerische Berufe	73,2	75,1	24,6

2. Nach dem"Künstlerreport des Bundesministeriums für Arbeit und Sozialordnung" (Stand 1. Juli 198o) gibt es in der Bundesrepublik Deutschland insgesamt ca. 1oo.ooo Künstler, darunter im Bereich

Bildende Kunst	32.ooo
Musik	3o.ooo
Wort	29.ooo
Ausstellende Kunst	12.5oo

Quelle: Albert Oeckl (Hrsg.), Taschenbuch des öffentlichen Rechts 198o/1981, Bonn 1981.

3. 6.4oo hauptberufliche Musiker sind in 96 Kulturorchestern beschäftigt.

4. In der Spielzeit 1979/198o waren beschäftigt:

4.487 Schauspieler
1.721 Sänger
1.073 Tänzer
9.295 Künstlerisches Personal

Im Gegensatz zu oberflächlich laienhaften Ansichten, weiß der Soziologe sehr wohl zu beachten, daß hinter diesen statistischen Ziffern Menschen und bestimmende Faktoren für ihre soziale und wirtschaftliche Situation stehen. Um diesbezüglich allen Mißverständnissen aus dem Wege zu gehen, wiederholen wir kurz gefaßt noch einmal, was auf den Seiten 81 ff. vorgetragen wurde. Ist es doch so, daß die oben angeführte Gesamtzahl von 100.000 Künstlern in der Bundesrepublik Deutschland manch einem als Bevölkerungs- und/oder Berufsschicht im Verhältnis zur Gesamtbevölkerung und zu sog. "lebenswichtigen" Berufen als relativ hoch erscheinen mag, vor allem, wenn er den Eindruck hat, daß es in vergangenen Zeiten doch wohl kaum eine solch hohe Anzahl von Kunstausübenden gegeben habe. In Wirklichkeit ist die Relation weitaus größer, da bei Angaben der vorgelegten Art die abertausenden von jungen Menschen nicht erfaßt sind, die inmitten des Sozialisationsprozesses stehend, sich auf dem Wege zum professionellen Künstler befinden. Was von Demographen gerne übersehen wird, vom Kunstsoziologen jedoch mit in die Betrachtung einzubeziehen ist (für Schul- und Erziehungssoziologen eine Selbstverständlichkeit), ist die Tatsache, daß sich jede dieser jugendlichen Gruppen sowohl inmitten der sozio-ökonomischen Situation der sie um gebenden Gesellschaft befinden als auch in der ihr durch die Elemente der von uns angeführten Komponenten bestimmten Situation als Künstler.

Aus diesen Tatbeständen und ihrem quantitativen Ausmaß sind gruppenspezififsche Berührungen hervorgegangen, die in verschiedenen Richtungen sich bewegende Reaktionen hervorgerufen haben. Strukturell-funktional analysiert, die in den Kapiteln Seite 58 ff. und 71 ff. erläuterten historischen, technologischen, mentalen und wirtschaftsorganisatorischen Komponenten einbeziehend, ergeben sich im Zuge wechselseitig sich vollziehender Einflüsse zwischen Künstlerschichten und Gesellschaft Erkenntnisse über das Phänomen Künstler, so wie es die Gesellschaft sieht sowie Vorstellungen von der sozialen und wirtschaftlichen Situation der Künstlergruppen in und zur Gesellschaft, die das Berufsbild "Künstler" nebst seinen Folgen in unseren Tagen bestimmen. Hierzu bieten sich die folgenden drei Problemkreise zur Erörterung an.

Erster Problemkreis. In allen Sparten des künstlerischen Tuns treten uns Assoziationen und Organisationen entgegen, die eine Vielfalt von einzelnen Interessenlinien verfolgen. Wir hören von den Aktivitäten des "Deutschen Künstlerbunds" und des "Schutzverbands Bildender Künstler in der Gewerkschaft Kunst" im DGB; von denen des "Verbands deutscher Schriftsteller in der Industriegewerkschaft Druck und Papier", dem "Deutschen Autorenverband e.V." und der "Verwertungsgesellschaft Wort"; lesen von den Tätigkeiten der "Arbeitsgemeinschaft Deutscher Chorverbände", des "Deutschen Komponisten-Verbands" und der "Verwertungsgesellschaft GEMA"; kennen die "Genossenschaft Deutscher Bühnenangehöriger" und die "Bundesfachgruppe Bühne, Film, Fernsehen der Deutschen Angestelltengewerkschaft"; und noch aberdutzende mehr. Daneben laufen noch Kultur-, Musik-, Theater- und Kunsträte, Arbeitsgemeinschaften, Vereine und internationale Organisationen, deren Aufzählung Seiten füllen würde. Indem sie sich allesamt mit Fragen der Kunstpolitik, Kunstwirtschaft, Kunstvermittlung, Kunsterziehung, Kunstorganisation usw. befassen, und zwar vordringlich mit Bezug auf die ihnen angehörenden Künstlergruppen und deren soziale und wirtschaftliche Situation, dienen sie letztendlich einem nach mannigfachen Richtungen ausstrahlenden Berufsschutz. Ohne hier auf Notwendigkeit, Effizienz oder gar den ideologisch ausgerichteten Einzelinteressen all dieser "Schutz- und Trutzorganisationen" einzugehen, zeigt das hier Ausgeführte dem Kunstsoziologen, wie sich, global gesprochen, Künstler und Gesellschaft dahingehend geeinigt und miteinander vereinigt haben, um die soziale und wirtschaftliche Situation des oder der Künstler in den organisatorischen Griff, in den einer "organisierten" Kultur zu bekommen, der von berufsständischem Gedankengut aus vergangenen Zeiten nicht weit entfernt liegt.

Zweiter Problemkreis. Die organisatorischen Bindungen und Verflechtungen der Künstlergruppen sind der Öffentlichkeit in keiner Weise so deutlich bewußt, wie dies bei anderen Berufsschichten der Fall ist. Was bei diesen mit Bezug auf Berufsschutz, Ausbildung, Arbeitsvermittlung, Einsatz für soziale Sicherung und anderes als eine gesamtwirtschaftliche und sozial notwendige organisatorische Besorgung angesehen wird, stößt bei der Berücksichtigung der Künstlergruppen in weiten Kreisen der Bevölkerung auf Unverständnis. Hier überwiegt von altersher in keineswegs geringem Maße die Einreihung der Künstler, kraß gesagt, in die Gattung nutzloser Parasiten der Gesellschaft. Eine solche Haltung wird aus kunstgeschichtlicher und kunstpolitischer Sicht meistens auf Nichterkenntnis des Wertes von Kultur und Kunst für die Existenz einer Gesellschaft zurückgeführt, notfalls auch auf unterschwellig verbliebene Reste überkommener Traditionsgebundenheiten. Aus einer viel weitergehenden kunstsoziologischen, sich auf die nüchterne und beobachtbare Realität stützenden Sicht wird eine solche Haltung bei diesen oder jenen Bevölkerungsschichten durch das Verhalten von Repräsentanten der einen oder anderen Kunstsparte bzw. künstlerischen Gruppe hervorgerufen, deren Extrovertiertheiten und Extravaganzen wie ein Faustschlag auf das Berührungs-, Wahrnehmungs- und Erkenntnispotential künstlerischer Leistungen wirkt. Die Linie verläuft von Popmusikern bis zu experimentierfreudigen Happenings-Komponisten, von auflagestarken Pornoschreibern bis zu einseitigen Ideologieverkündern, von Verpackungsfanatikern bis zu Zertrümmerungsexperten, gar nicht zu sprechen von bewußt gepflegter Außenseiterschaft durch werbeträchtige Skandale oder bis ans Lächerliche grenzende Haar- und Kleidertrachten, wie bereits in anderem Zusammenhang vorgetragen.

Zwar werden Außenseiterhaltungen von der Gesellschaft gewiß nicht als das Signum der Majorität der Künstler angesehen, doch führen sie als Stereotypen propagiert mit Leichtigkeit in die Richtung vorurteilsgeladener Abklassifizierungen der künstlerischen Unversehrbarkeit. Zu den stereotypen, das Vorurteil verstärkenden Einschätzungen gehören an die Öffentlichkeit gebrachte besondere Kulturnachrichten, wie großzügige Zuschüsse zu Kulturstätten, mit öffentlichen Mitteln finanziertes "Theater gegen Jedermann", sagenhafte Preise für Skulpturen vor öffentlichen Gebäuden, Verteilung von Unsummen an "Kulturpreisen" an bereits best etablierte Schriftsteller etc. So darf es nicht verwundern, daß gleich ob bei guter oder angestrengter Wirtschaftslage Erstaunen und Neid die Schicht der künstlerisch und kulturell Unbedarften dahin führt, dem Schicksal und der Situation von Kunst und Künstler nicht etwa nur gleichgültig, sonder überdies als nicht unterstützenswert gegenübersteht: Es ist der Vergleich mit der eigenen sozialen und wirtschaftlichen Situation, den die Majorität der nicht künstlerisch tätigen Gesellschaftsgruppen zum Maßstab für die Einschätzung von Struktur und Funktion der in ihrer Mitte lebenden Künstlergruppen macht.

<u>Dritter Problemkreis</u>. Zu allen Zeiten verlangten schaffende Künstler nach Unabhängigkeit, Selbständigkeit und Freiheit; auch traten sie immer wieder mit Klagen über mangelnde existenzielle Sicherheit an die sie umgebende Gesellschaft heran. Einmal, so heißt es, weil sie ansonsten in ihrer künstlerischen Produktion abhängig, unselbständig und unfrei würden, zum anderen, weil sie dann nur mühsam oder gar nicht den von ihnen erwarteten Beitrag zur kulturellen Entwicklung liefern könnten. Wird dieser Argumentationslinie Folge geleistet, steht

der Kunstsoziologe vor einem empirisch unmöglich nachweisbaren Sachverhalt. Denn einerseits enthält er die Aussage: Kunst und Künstler machen sich selbst überflüssig, andererseits: Kunst und Künstler sind eine Entität; sie leben in Unteilbarkeit, ein Diktum, das in kulturphilosophisch verklärten Tönen vorgetragen, die Gruppen der Kulturbeflissenen verängstigen muß. Da es sich jedoch gezeigt hat, daß mit derlei in zahllosen tiefgründigen Traktaten ausgewalzten Argumenten wenig zu erreichen ist, treten die Künstlergruppen bzw. ihre Repräsentanten vor die Gesellschaft und lassen sie beschwörend wissen, daß sie von tiefster Verantwortung gegenüber der Gesellschaft getragen seien und daher (quasi als Gegengabe) auf Verantwortung der Gesellschaft gegenüber ihnen und ihrem künstlerischen Schaffen zu bestehen hätten. Ja, wie sich in vielen westlichen Ländern im Laufe der letzten 30 Jahre gezeigt hat, gehen Künstler und Künstlerverbände mitsamt ihrem selbst zugeschriebenen und nicht etwas zuerteilten oder delegierten Verantwortungsgetöse so weit, nicht nur nach freier Ausübung und Förderung des künstlerischen Schaffen zu verlangen, sondern zusätzlich nach einer <u>Garantie</u> für ihre berufliche Existenz und ihr Schaffen.

Diese in erster Linie an Staat und öffentliche Institute gerichteten Appelle bleiben vor allem dort nicht ungehört, wo ein rückwärtsgerichteter kulturträchtiger Blick die Realitäten verdunkelt, d.h. wo der von der Kunstsoziologie mehrfach aufgezeigte und in der Praxis sich zeigende <u>Wandel</u> in der sozialen und wirtschaftlichen Situation der Künstler übergangen wird. Gemeint ist damit die vom Künstler schon längst erfaßte, dem Wandel der Gesellschaft und ihrer Einrichtungen angepaßte funktionale Ortsbestimmung, die ihn im Rahmen einer industrialisierten, kompetitiven und pluralistischen Gesellschaft zu einer <u>Rollenvielfalt</u> hin geführt hat, bei der er durchaus der mit Freiheit ausgestattete Berufsträger "Künstler" sein kann, gleich,ob er auf Bestellung arbeitet oder nicht, ob er als Schriftsteller auch noch Dramaturg, als Komponist Musiklehrer, als Maler Formgeber ist, oder Kunst- und Kulturverwalter bei Funk und Fernsehen (hierzu die empirische Untersuchung von H.P. THURN 1985).

e) <u>Kulturpolitik und Kulturverwaltung</u>

Mit ansteigender Besorgnis um das Wohl der Kultur und das kulturelle Niveau der Gesellschaft ist der Begriff "Kulturpolitik" in alle Munde gekommen. ALBERT SCHWEITZER sprach hiervon einmal als der großen Kunst, mit geringstmöglichem Aufwand an äußeren Kosten, dem Volke einen Höchstand an innerer Bildung zu vermitteln. Von einer solchen tendenziösen Aussage weiß sich die funktionale Analyse fernzuhalten. Um empirisch abgesicherte Erkenntnisse innerhalb dieses Gebietes zu erzielen, wird sie eine genaue Scheidelinie zwischen den unpersönlichen Wegen und Zielen von Politik und Staatsführung und dem persönlichen Aufwand für die Ausführung irgendeines kulturellen Programms beachten. Besinnungsdeklarationen und Absichtserklärungen liefern dem Kunstsoziologen keinerlei auswertbare Materialien. Auch die Feststellung der politischen Anhängerschaft künstlerischer Gruppen, bzw. ihrer Mitglieder an gewisse Ausrichtungen sind im Rahmen der kunstsoziologischen Funktionserkenntnisse nur von minimalen Interesse, geschweige denn solche als "kulturpolitisch relevant" bezeichneten Fragen wie z.B. "Die Geringschätzung der Kultur", "Mißverständnisse des Föderalismus" oder "Wo steht die deutsche Kulturpolitik?"

Kulturpolitik ist funktional gesehen nur eines der vielen "vom Menschen geformten Mittel der Lebens- und Werterhöhung" (K.A. FISCHER 1951, S. 31) und erscheint nie selbst als Kultur. Ebenso wie die Kulturwirtschaft ist sie nur ein Mittler innerhalb der sozio-kulturellen Zusammenhänge. Diese gewiß reichlich idealistische Umschreibung wird täglich durch sich

als "kulturpolitisch" deklarierende oder sich hinter dem vagen Begriff verbergende Ereignisse, Eigeninteresse- und Kompetenzquerelen entzaubert. Um dieser Gefahr nicht zum Opfer zu fallen, ist es am Kultur- bzw. Kunstsoziologen, deutlich zwischen Kulturpolitik und Kulturverwaltung zu unterscheiden, d.h. das eine vom anderen zu trennen. Es klären sich dann Fälle, bei denen z.B. beklagt wird, aus Künstlern würden Kunstmanager gemacht, oder Kulturfunktionären vorgeworfen wird, sie konzentrierten sich nur auf Kulturpolitik und vernachlässigten die Verwaltungsaufgaben oder umgekehrt. Es handelt sich also um eine Vorsichtsmaßnahme, die dazu dient, den graduellen Unterschied in der funktionalen Bedeutung von Kulturpolitik und Kulturverwaltung zu Zwecken der Aufrechterhaltung einer Gesellschaft als Eigentümer ihrer Produktions- und Konsummittel folgerichtig einschätzen und einordnen zu können. Auch bei der Analyse der funktionalen Interaktionen zwischen sozio-künstlerischen Gruppen, die als öffentliche demokratische Diskussionen über staatliche, semi-staatliche oder private kulturpolitische Entscheidungen vor uns stehen, ist es am Soziologen, die soeben dargelegte Differenzierung zu beachten.
Dabei kann es sich beispielsweise um die mehr und mehr an Bedeutung gewinnenden kulturpropagandistischen Mittel handeln, jene, bei denen unter der Überschrift "Kulturaustausch" Auslandsreisen von Orchestern, Theaterensembles oder Ausstellungen stattfinden, Rundfunk- und Fernsehprogramme ausgetauscht werden oder Kunstorganisationen auf internationaler Basis ihre Tätigkeiten überstaatlich gerieren, z.B. der Europarat, die UNESCO u.a.m. Es kann sich im vorliegenden Zusammenhang aber auch um solch heikle kulturpolitische Probleme wie beispielsweise <u>Zensur</u> handeln. Ganz abgesehen von grundgesetzlichen Bestimmungen, nach denen Zensur nicht stattfindet, und daß es eine beständige Ermessensentscheidung bleibt, ob in gegebenen Fällen direkte oder indirekte Zensur ausgeübt wird, bleibt von seiten der Kulturpolitik und der Kulturverwaltung ein gewisses Vetorecht bestehen, besonders dann, wenn deren Organe als of-

fizelle Subventions- oder Kontrollstellen agieren (z.B. die Goethe-Institute, die Bundesprüfstelle für jugendgefährdende Schriften u.ä.m.).

Als funktionaler Bestandteil von Kulturpolitik und -verwaltung ist die Aktion derer anzusehen, die mit ihrer Durchführung betraut sind: die Funktionäre. "Die Herrschaft der Funktionäre", wie es heißt, bezieht sich sowohl auf die Gruppe der Funktionäre wie auf die der Bürokraten, obwohl zwischen den beiden Gruppen ein beachtenswerter Unterschied besteht. Ohne hier im einzelnen den diesbezüglichen soziologischen Erörterungen nachzugehen (siehe hierzu M. WEBER 1964; P.M. BLAU 1956; R. MAYNTZ 1963) gelten als Kennzeichen der Bürokraten Formalismus und Schwerfälligkeit durch rein aktenmäßige Behandlung von Vorgängen; die Form wird meistens über die Sache gestellt, Initiative ist unerwünscht und mangelt. Die Haltung des (Kultur- oder Kunst-) Funktionärs hingegen entspringt nicht dem Mangel eigener Initiativen, sondern ähnelt eher einem Zustand der Selbstverneinung der durch den Zwang zu vertretender Gruppen und deren Interessen hervorgerufen wird: Funktionäre handeln auf fremdes Geheiß und nach ihnen wesensfremden Gesichtspunkten, so oft ihnen dies angesonnen wird. Als praktischer, methodischer, vorsichtiger, disziplinierter Mensch ist der Kunstfunktionär unglücklich, wenn er eine eigene Entscheidung treffen muß (K. YOUNG 1951) und zieht es daher vor, auf fremdes Geheiß in sozio-künstlerische Prozesse einzutreten, ohne daß dieses notwendigerweise einem "Befehl von oben" gleichkommt. Aus dieser Haltung ergeben sich vom Kunstsoziologen zu beachtende krisenhafte und konfliktgeladene Situationen, die im Prinzip daher rühren, daß Kunst und Künstler sich von jeher dagegen verwehrt haben bzw. es ihrer unwürdig fanden, auf "fremdes Geheiß", auf äußeren Zwang sozialer Kräfte zu reagieren. Als Beispiel sei nur angeführt, daß die Gruppe der Funktionäre sich auf die von außen auf sie zukommenden "Moden" stützt, sie weitergibt, auf ihnen insistiert, kurz, nach ihnen handelt. Dieses sind dann die oft zu beobachtenden Fälle, bei denen äußere Merkmale imitiert werden, ohne den inneren Qualitäten der Kunstform Aufmerksamkeit zu schenken. Es geht also um Erkenntnis und Einfluß eines Funktionärstums in Kulturpolitik und -verwaltung, das funktional nicht als Helfer agiert, sondern in einem äußeren Zwang unterliegende Richtungen dirigiert. Die Gruppe der Kunst-Funktionäre (nicht die Bürokraten) verfügt auf Geheiß über eine sowohl ungeplante als auch unkontrollierte Machtstellung gegenüber sozio-künstlerischen Gruppen, durch die sie das Kunsterlebnis nicht nur konzentrieren und monopolisieren kann, sondern überdies auch jedwede künstlerische und politische Überparteilichkeit durch Direktion zu umgehen im Stande ist.

Erst wenn dem Soziolgen diese Vorgänge vorliegen, kann er sich der Frage zuwenden, ob in dem ihm zur Analyse unterbreiteten Einzelfall das Eingreifen von Funktionären in das Kunstgeschehen erwünscht, unerwünscht oder zu verhindern ist. Die hier aufgerollte Problematik zeigt auf, daß es am Kunstsoziologen ist, bei seiner Arbeit auch außerordentliche seelisch-geistige Einwirkungsmöglichkeiten nicht außer Acht zu lassen, da sie die Umwälzung von Strukturtendenzen und die Verlagerung von Funktionen gegenüber der Gesellschaft und dem Kunsterlebnis mit sich bringen können. "Diese Umwälzung", so heißt es zu Recht, "schafft den Verwaltungsleviathan als äußere Gebildsform des Daseins...Und ihre Prinzipien der inneren Spezialisierung und Funktionalisierung beschwören die Gefahr herauf, daß der bisherige Menschentyp auf- oder abgelöst wird" (A. WEBER 195o, S. 43o).

VI Institutionelle Problemkreise

Im Rahmen der sozio-künstlerischen Organisation, die von H.S. BECKER (1982) einer eingehenden Analyse unterworfen worden ist, finden sich mannigfache Assoziationen und Institutionen.

Zwischen den beiden besteht ein deutlicher Unterschied, den es zu beachten gilt. Während unter Assoziation eine Gruppe von Personen zu verstehen ist, die gemeinsam gewisse Interessen verfolgt, sind Institutionen die festgesetzten Verfahrensformen, unter denen Gruppenaktivitäten betrieben werden. Daher heißt es: "Einer Assoziation gehört man an als Mitglied; einer Institution kann man nicht angehören, man ist ihr vielmehr unterworfen" (R. KÖNIG 1980, S. 146). Da die Institution nur vermittels fortdauerndem Gruppenverhalten entstehen kann, ist es ein zu bedenklichen Unklarheiten führender Irrtum, z.B. von einem Gesangsverein, einer Theatergemeinde oder einer Gewerkschaft als Institution zu sprechen. Weil sich gezeigt hat, daß kunstsoziologische Arbeiten sehr häufig diesem Irrtum zum Opfer fallen, sind hierzu noch einige Ausführungen zu machen, ohne uns auf eine ausführliche Darlegung der Lehre von den Institutionen einzulassen (siehe hierzu: E.K. SCHEUCH und TH. KUTSCH 1975; A. BELLEBAUM 1983 u.a.m). Für das empirisch ausgerichtete kunstsoziologische Denken und Forschen ist davon auszugehen, daß die Institution die Art und Weise ist, wie bestimmte Dinge getan werden müssen, wodurch das Strukturelle der Institution selbst und das funktionale Geschehen durch die Institution in einem vereint zum Ausdruck kommen: die Bedeutung der Struktur der Institution wird durch das, was sie tut, d.h. durch die Funktionen, die sie verrichtet, erhellt. Dementsprechend lesen wir: "Dem Bedürfnis, sich materiell zu ernähren, entspricht die ökonomische Funktion (und Institution). Dem Bedürfnis, sich materiell (organisch) zu vervielfältigen, entspricht die familiale Funktion (und Institution). Das Bedürfnis, sich geistig zu ernähren, ist durch die verschiedenen kulturellen Funktionen (und Institutionen) befriedigt. Das Bedürfnis, sich geistig zu vervielfältigen, ist durch die kulturellen Funktionen (und Institutionen) (Erziehung, Presse, Rundfunk etc.) befriedigt. Dem Bedürfnis, das materielle und geistige Leben der Gruppe zu schützen, entsprechen die politischen und militärischen Funktionen (und Institutionen)" (A. BLAHA 1949; F. ZNANIECKI 1945; J.K. FEIBLEMAN 1956).

Wesentlichkeit und Bedeutung sozio-kultureller Institutionen zeigen sich am deutlichsten in Interaktionen bei Gesellschaft und Kunsterlebnis sowie bei der Verlagerung der Aufgaben von einer Institution auf die andere. Die Interaktion der Institution als Kunstkonsument mit dem Kunstproduzenten verdeutlicht insbesondere jene Zusammengehörigkeit von Leben und Werk des Kunstschaffenden, die nicht einfach als eine Selbstverständlichkeit hingenommen werden darf, wenn ausgesagt wird, es wurden oder würden die von diesen oder jenen Institutionen herrührenden oder geprägten Strömungen und Ereignisse künstlerisch verarbeitet. In vielen Fällen, vor allem in Künstlerbiographien, werden diese Beziehungen fast gänzlich vernachlässigt: Der Mensch und sein Werk werden analysiert, ohne die Interaktion zwischen ihm und Institutionen wie Staat, Kirche, Familie, Schule, Recht und anderen, sowie den Interaktionen zwischen diesen Institutionen selbst zu berücksichtigen. Was hier unterstrichen wird, läßt sich im Grunde genommen schon in MONTESQUIEUs "L'Esprit des Lois" (1748) nachlesen, wo der bedeutende Begründer des soziologischen Denkens (hierzu R. ARON 1967) ausgeführt hat, daß Institutionen keine willkürlichen Erfindungen sind, sondern in der menschlichen Natur und in den Bedingungen der physischen Natur verwurzelt liegen. Es geht also weniger darum, daß (im HEGELschen Sinne) moralisch gesehen, der Einzelne seine Harmonie mit dem Universum dadurch findet, daß er sich der Masse der Institutionen unterwerfe, sondern um das Problem, wie es den menschlichen Gruppen untereinander möglich ist, ihr (künstlerisches) Handeln zu erkennen, um es in bestimmte Bahnen der funktionalen Interaktion lenken zu können.

Natürlich ist es durchaus möglich, die verschiedenen Formen, die das Kunsterlebnis in den diversen Epochen angenommen hat, auch ohne Berücksichtigung der es umgebenden Institutionen zu umreißen. Doch kann eine das Institutionell-Funktionale vernachlässigende Methode dem Kunstsoziologen nur eine Entwicklung in groben Zügen aufzeigen, aber keine tiefreichende und in die Praxis umsetzbare Analyse ermöglichen.

1. Organisierte und dirigierte Kunst

Unter den Institutionen ist es der Staat (beziehungsweise von ihm delegierte Instanzen),der am häufigsten in seinem Verhältnis zur Kunst diskutiert, abgehandelt und erforscht wird. Dabei gehen die Betrachtungen des Verhältnisses von fünf grundlegenden Prämissen der Interessenlinien des Staates aus, die sich folgendermaßen präsentieren: 1.Der Staat ist Zeuge der Kunst, denn er anerkennt und bestätigt offiziell ihr Bestehen. 2. Der Staat ist Organisator und Leiter einer Vielfalt künstlerischer Betätigungen. 3. Der Staat ist einer der größten Kunstkonsumenten, vor allem als Finanzier. 4. Der Staat ist der größte Kunstbesitzer. 5. Der Staat erfaßt und koordiniert als Gesetzgeber alle angeführten funktionalen Entsprechungen (E. SOURIAU 1948). Betrachtet man diese Funktioneneinteilung aus der Sicht des Verhältnisses von "Oberbau" und "Unterbau", dann wird sie gewiß einem Teil des Oberbaus, nämlich der Kunst gerecht. Der Unterbau aber, auf dem die Funktionen der Institution Staat beruhen, dieses Fundament wird durch diejenigen Funktionen gekennzeichnet, die bei jeder oberbaulichen Funktion durchscheinen bzw. mitwirken und daher bei der kunstsoziologischen Analyse nicht übergangen werden sollten. Denn gleich, ob es sich um Oberbauten wie Wissenschaft, Religion, Sprache oder Kunst handelt, der funktionale Unterbau setzt sich stets aus der ökonomischen, generativen und politisch-sozialen Funktion zusammen. Dieses Dreigestirn von Funktionen ist im Laufe unserer Darstellung schon mehrfach angesprochen worden,doch ist, um fehlerhafte kunstsoziologische Ansätze zu vermeiden, noch einmal auszuführen, daß unter "ökonomischer Funktion" die Versorgung mit materiellen Gütern verstanden werden soll;

unter "generativer Funktion" nicht nur Fortpflanzung im geschlechtlichen Sinn, sondern vordringlich die Fortsetzung individueller Lebensäußerungen; unter "politisch-sozialer Funktion" die Interaktionen des sozialen Lebens, die Beziehungen von Individuen und Gruppen zu Gruppen, von Gruppen zu Institutionen, von Institutionen zum Gesellschaftsganzen.

Geht man bei der kunstsoziologischen Arbeit von diesen hier schematisch und unverfeinert dargestellten Funktionen der Institution gegenüber den Künsten und der Gesellschaft aus, ist als erstes zu beachten, daß sie in der Realität nicht voneinander getrennt agieren. Sie überschneiden sich und bilden in ihren Auswirkungen ein geschlossenes Ganzes. Das heißt, daß die Erkenntnis des Nebeneinanderbestehens forschungsökonomisch Zusammenführungen zuläßt sowie die Möglichkeiten erfolgreicher Planung. Dieser Begriff, der sich im Grunde genommen auf die Durchführung von Kultur-, bzw. Kunstpolitik bezieht, ruft stets Unkenrufe in bezug auf Freiheitsbeschränkung, Unterdrückung und Kontrolle hervor. Sich mit den Künsten befassende Institutionen gleich welcher Art umgehen diesbezügliche Anwürfe und Warnungen meistens dadurch, daß sie sich als zu Überparteilichkeit verpflichtet erklären oder so viel von ihrer kulturellen Mission sprechen, daß ihre Überparteilichkeit gar nicht mehr angezweifelt werden kann. Aber trotzdem - und niemand weiß dies besser als der Empiriker - muß die Kultur und damit die Kunst reguliert, koordiniert, kurz organisiert werden, wenn der Staat und andere von ihm delegierten oder unter seiner Aufsicht stehenden Institutionen ihren Funktionen gegenüber den Künsten Genüge leisten wollen.

Hieran anschließend erhebt sich die Frage, ob man Kultur bzw. Kunst organisieren kann und wenn ja, wie organisiert man Kultur bzw. Kunst? Zu einer Zeit, als die sozialen Funktionen gegenüber den Kunstschaffenden noch in Einzelhänden lagen, waren auch die Funktionen gegenüber den Künsten in eben denselben nicht koordinierten Einzelhänden gelegen: Fragestellungen mit Bezug auf organisierter Kultur waren nicht an der Tagesordnung. Jedoch in einer Zeit wie der unseren, wo Funktionen gegenüber den Künsten zu einem Großteil auf Institutionen übergegangen sind, kann die Behandlung dieser Problematik nicht umgangen werden. Wenn z.B. Beschwerde darüber geführt wird, daß der Staat weder die Zeit noch die Sorge habe, alles zu regeln, wird übersehen, daß sich der Staat als Institution nicht direkt um alles kümmern kann und versucht, dieser Sorgen sich durch Delegierung zu entledigen. An diesem Punkt hat im Grunde genommen jene vom Kunstsoziologen zu erkennende, aber auch zu umgehende Klippe ihren Ursprung, die - als "Vermassung" oder "Verungeistigung" angesprochen - einen Aufruhr gegen Organisation im allgemeinen hervorgerufen hat. Im übrigen, und zwar mit einem Blick auf die zahllosen nationalen und internationalen Institutionen, die sich der Organisation der Künste widmen, ist dem pauschalen Vorwurf der Kunstzerstörung durch Organisation entgegenzutreten. Allerdings muß mit aller Deutlichkeit darauf hingewiesen werden, daß "organisierte" Kunst etwas gänzlich anderes darstellt als "dirigierte" Kunst, eine allzu häufige Verwechslung, welche die kunstsoziologische Sicht verdunkelt. An einigen Beispielen sei der Unterschied verdeutlicht.

Mehr als eine Studie hat aufgezeigt, wie während der grauenhaften Zeiten des Nationalsozialismus die Künste für die Absichten des totalitären Staates ergriffen und ausgenutzt wurden; sie hatten aufgehört, unabhängig zu sein (siehe u.a. B. GEISSMAR 1951; H. BRENNER 1963; O. THOMAE 1978). Allgemein bekannt ist die Tatsache, daß (wie T.S. ELIOT 1948 es ausgedrückt hat) "die Russen das erste moderne Volk sind, das politische Direktion von Kultur bewußt betreibt", was vielfach mit dem Argument gerechtfertigt wird, daß eine Volksregierung auf die Künste für das Volk und nicht für Intellektuelle zu bestehen habe. Auch ein Beispiel aus einer weit zurückliegenden Zeit kann die

Problematik, ohne uns in die Mitte des Politisch-Weltanschaulichen zu begeben, verdeutlichen. Und zwar geschah es im Jahre 1573, als der Maler Veronese wegen seines für die Kirche San Giovanni e Paolo (Venedig) hergestellten Bildes "Das letzte Abendmahl" vor die Inquisition gerufen wurde. Man befragte ihn, ob er es für richtig halte, im letzten Abendmahl des Herrn Narren, Trunkenbolde, Deutsche, Zwerge und ähnliche "Zotenhaftigkeiten" gemalt zu haben. Nach längeren Verhandlungen, verurteilte ihn das Tribunal, das Gemälde innerhalb von drei Monaten auf eigene Kosten zu berichtigen und zu verbessern. So geschehen, hieß der Titel des Bildes von nun an: "Fest im Hause Levis". Hier zeigt sich dirigierender Totalitarismus, nicht aber, wie manchesmal fälschlich unterstellt wird, eine nur zur Organisierung fähige autoritäre Struktur, deren Kraft, soziologisch gesehen, nie total ist.

Der Kunstsoziologe hat zu erkennen, daß die aufgezeigte Begriffsvermischung zwischen Organisation und Dirigismus, die in unserem Zeitalter gewiß durch Begebenheiten großen menschlichen Leidens akzentuiert wurde, mehr denn je dazu geführt hat, jedweden Versuch, die Künste zu organisieren, a priori als antiliberal anzusehen, zu brandmarken - und sozial- wie politkritisch abzuwerten. Hinzu kommt die Sucht nach Auflistungen, die daraus besteht, alles nur Greifbare, sei es Geschichte, Wissenschaft oder Kunst katalogisierend zu systematisieren, und diese Systematisierungen erzieherisch und analytisch zu verwerten. Damit wird aus der Kunst ein System gemacht und übersehen, daß die Kunst aus einer Vielfalt von sozialen Prozessen besteht, die aus sich selbst heraus nach Koordination und Organisation verlangt. Dem steht nicht entgegen, daß die Künste jederzeit in der Lage sind, sich auch ohne Hilfe institutionalisierter Autoritäten und/oder Experten auszudrücken. Auch wenn wir davon ausgehen, daß die Idee der Kultur die Totalität ihrer inneren Möglichkeiten ist und daher unorganisierbar bleibt, sind ihre die Kunstsoziologie besonders interessierenden Erscheinungsformen, ihre phänomenologischen Qualitäten als soziale Prozesse so erfaßbar, so faktisch, daß sie organisiert werden können und organisiert sich manifestieren. Organisation präsentiert sich somit als eine Notwendigkeit, wenn eine hierzu eingerichtete Institution ihren Funktionen gegenüber den Künsten gerecht werden will, wenn sie den jeder Kunstform eigenen inneren Drang nach Kreation, nach neuen Formen der Aktivität nicht untergraben will - wenn sie den Künsten die Garantie geben will, nicht unter irgendwelchen Weisen der Ausnutzung oder Sklaverei vegetieren zu müssen.

2. Die Künste und die Massenmedien

Zu den institutionellen Problemkreisen gehört heutzutage das Verhältnis zwischen den Künsten und den Massenmedien (Presse, Rundfunk, Comics, Fernsehen, Video), soweit diese - wie wir haben nachweisen können (A. SILBERMANN 1959, 1977) - als soziokulturelle Institutionen in Erscheinung treten. Hier hat sich der Kunstsoziologie ein eminent wichtiges Gebiet aufgetan, das angesichts der Spezifität eines jeden der Massenmedien so umfangreich ist, daß wir uns hier auf das gesamtgesellschaftlich zur Zeit bedeutendste Medium "Fernsehen" zu beschränken haben. Auch können hier nicht alle Probleme angesprochen werden, die durch die Existenz des Mediums seit seiner Einführung das Kunsterlebnis sowie die Relation Künstler-Kunstwerk-Publikum beeinflußt und verändert hat, ganz zu schweigen von Einzelheiten technischer und technologischer Art.

Schon zu Zeiten der Einführung und Akzeptanz des Hörfunks kam das Schlagwort von der Exploitation und der Prostitution der Künste durch die Massenmedien auf. Und bald schon und immer mehr, besonders als der ominöse Begriff von der "Kulturindustrie" in die Diskussion geworfen wurde und man von einer "verwirtschafteten Kunst" zu sprechen pflegte, begannen sich Wissenschaftler fern von pseudo-philosophischen Analysen darum zu bemühen, Konzepte zu finden, bei denen unter Einbeziehung ökonomischen und sozialen Denkens Erkenntnisse der gesellschaftlichen Wirklichkeit zu Worte kommen können. Dieses Bemühen hat unter der Künstlerschaft ebenso wie unter den Propheten der Kunst zu deutlichen Gruppenkonflikten geführt. Auf der einen Seite stehen diejenigen, die mit ihrem Kampf gegen eine sogenannte "Entmenschlichung" der Kunst die Menschheit zu retten versuchen, wobei sie in Wirklichkeit das Kunstwerk nur auf die Ebene ihrer eigenen Wertanschauungen ziehen, und auf der anderen jene, die das Verhältnis zwischen Kunst und Gesellschaft keineswegs als schlechthin "eingefroren" ansehen, sondern sich darum bekümmern, den wirtschaftlichen und sozialen Prozeß zwischen Kunst und Mensch ohne larmoyantes Gewimmer positiv aus dem Blickwinkel eines sich stetig vollziehenden <u>sozialen Wandels</u> zu erkennen und diesem anzupassen. So sehr auch der Künstler eher dazu neigt, der Zeit zu leben, die ihn hervorgebracht hat, stößt er dennoch im Verlaufe seines künstlerischen Reifeprozesses auf ein bedrängendes Faktum, das ihm in vielerlei Weisen entgegenkommt. Es ist dies, kurz genannt, die <u>Freiheit</u> - sowohl die seines gegenwärtigen und zukünftigen Schaffens als auch die seiner persönlichen Existenz als Künstler. Um diese nach zwei Seiten sich ausrichtende Freiheit bemühen sich beide der soeben umrissenen Gruppen, wenn auch in unterschiedlichen Richtungen. Da die einen von der Prämisse ausgehen, die Mitte sei verloren und die Künste hätten ihre soziologische Basis verengt, kommen sie zur radikalen Differenzierung von Elite- und Populärkultur, die sie als ein soziologisches Ausgeschöpftsein der Kunst anprangern. Die anderen hingegen beoachten angesichts der Bedeutung und Wirksamkeit der Massenmedien fortschreitende Institutionalisierungs- und Integrationsprozesse der Künste, die dem Begriff der Freiheit ganz andere Aspekte verleihen als diejenigen, die sich romantisierend und anklagend zugleich präsentieren. Dieser Problemkreis berührt direkt die Beziehungen zwischen Wirtschaft und Kunst, Beziehungen, die von der kunstsoziologischen Analyse keinesfalls außer acht gelassen werden können. Und zwar bedeutet"Wirtschaft" in dem hier vorgetragenen Zusammenhang nicht nur: "Wie bringe ich die von mir geschaffenen Kunstgüter populärer oder elitärer Art an den Mann?", sondern auch: "Wie versichere ich mich angesichts meiner Auftraggeber einer vernünftig gesicherten sozialen und wirtschaftlichen Existenz, ohne meine künstlerische Freiheit einzubüßen?" Diese Formulierung impliziert, daß, wenn der Künstler früher mit diesen oder jenen Mitteln für die Freiheit seiner künstlerischen Expression kämpfte, heute über dies hinaus diverse Konzepte von der Freiheit an des Künstlers wirtschaftlicher und sozialer Situation demonstriert werden. In diesem Zusammenhang ist es in erster Linie nicht "das Geschäft mit der Kunst", das den Kunstsoziologen interessieren kann, sondern die Haltung solcher Institutionen wie das Fernsehen, die, wie sie selbst proklamieren, es auf sich genommen haben, zum politischen,kulturellen, sozialen und ökonomischen Wohl ihrer Zuschauer beizutragen.

Wendet man sich aus dieser Sicht der Relation zwischen Fernsehen und Kunst zu, dann hat der Kunstsoziologe in seine Überlegungen die Tatsache miteinzubeziehen, daß das peinliche Unvermögen des Bildschirms, kommunikative Symbole durch nicht-kommunikative zu ersetzen, in erster Linie der Stärke der im Kollektivgedächtnis enthaltenen tradierenden Komponente zuzuschreiben ist, jenem Kollektivgedächtnis, dem der Soziologe M. HALBWACHS in seinem grundlegenden Werk "Das kollektive Gedächtnis" (1967) eine ausführliche Analyse gewidmet hat. Über dieses peinliche Unvermögen des Bildschirms, eine völlig andere Welt als die Welt des Fernsehens zu übermitteln und zur vollen Geltung kommen zu lassen, ist man sich im Prinzip durchaus einig. Dennoch setzt man die sich nur auf das künstlerische Element beziehende Diskussion gemächlich fort, wobei wir zwei globalen Kategorien von Haltungen entgegentreten. Entweder heißt es: "Hände weg von der Kunst, ihr erniedrigt sie durch das Fernsehen zum Schmierantentum", oder es wird ex cathedra proklamiert: "Mit Gewißheit wird das Fernsehen die Kunst von morgen sein."

Um angesichts dieser Animosität zwischen Anklage und Verteidigung den rechten soziologischen Ansatzpunkt zu finden, gilt es, sich jene prinzipielle Unterscheidung zwischen der objektiven und subjektiven Seite der sozialen Phänomene zu eigen zu machen, die, von M. WEBER in seinem gesamten Werk immer wieder erneut hervorgehoben, ebenfalls einen deutlichen Niederschlag bei V. PARETO im III. Abschnitt seines "Programme et Sommaire du Cours de sociologie" (1967) gefunden hat. Dann nämlich wird erkenntlich, daß die umschriebene Gegensätzlichkeit und auch die diesbezüglichen Auseinandersetzungen deswegen unzulänglich sind, weil erstens Medien wie der Rundfunk oder das Fernsehen als sozio-kulturelle Institutionen etwas viel Umfassenderes, etwas viel Konkreteres darstellen als der vage, uns stets entgleitende Begriff Kunst, und zweitens, weil die Realität der Beziehungen zwischen Fernsehproduzent und Fernsehkonsument, nämlich die Ebenen, auf denen diese sich bewegen, außerordentlich differenziert sind, so differenziert wie die objektiven und subjektiven Seiten eines jeden wirtschaftlichen und sozialen Phänomens. Man darf sich eben der Tatsache nicht verschließen, daß die Gesellschaft dieser durch ein technisches Mittel verbreiteten Kunst auf dreierlei Weisen gegenüberstehen kann, nämlich entweder auf sozialer oder auf wirtschaftlicher oder auf ästhetischer Ebene.

An diesen der Gesellschaft innewohnenden Denk- und Empfindungsfaktoren stößt sich in erster Linie die Gruppe derjenigen, die als Produzenten für eine künstlerische Sendung verantwortlich sind. Denn wenn sie es mit künstlerischen Dingen zu tun haben, geht es ihnen darum, vorderhand als Künstler angesehen zu werden, und dazu bedarf es einer Haltung, durch die das zu handhabende Medium unter allen Umständen und in all seinen Facetten zur Kunst erhoben wird. Hierbei deklariert man das Kommunikationsmittel zur Kunst und, berufsstrukturell gesehen, sich selbst zum Künstler. Die Tatsache jedoch, daß dem Fernsehen dank seiner finanziellen Mittel Möglichkeiten gegeben sind, über die das allgemeine Kunstleben nicht verfügt - all dies macht das Fernsehen noch nicht zur Kunst, erlaubt es noch lange nicht, von einer Medien- bzw. Fernsehkultur zu sprechen.

Der fälschlichen und verwirrenden Erhebung des Fernsehens zur Kunst liegen gewisse Verhaltensmuster derjenigen zugrunde, die als Künstler - diese Bezeichnung hier als struktureller Sammelbegriff verwendet - am Fernsehen beschäftigt sind. Diese im Verhältnis zu anderen Gruppen kleine Gruppe der Gesellschaft hat, wie jede Gruppe, eine ihr eigene Struktur und ein ihr eigenes Kollektivverhalten. Sie tritt wie ein Mikrokosmos in Erscheinung, dessen ureigenste Lebens- und Schaffensbedingung Individualismus ist. Somit steht diese Gruppe der Massenproduktion und der Massenorganisation des Mediums gegenüber und wird so - sei es als Schriftsteller, Schauspieler, als Komponist, als Bühnenbildner oder als Instrumentalist - zum Angestellten einer staatlichen, semi-staatlichen, öffentlich-rechtlichen oder privaten Organisation. Ist ein Mitglied dieser Kleingruppe nun wirklich ein echter Künstler, das heißt ein Mensch, dem Kunst eine sich zur Form gestaltende seelische Bewegung ist, dann wird und muß er, selbst unter der pyramidenschweren Last der Organisation der Institution versuchen, sein Künstlertum zu erhalten. Nun füge man zum "echten" noch den "unechten" Künstler hinzu, dann steht vor dem Soziologen das Total eine Kollektivbewußtseins, mit dem Künstler und Mitarbeiter beginnen, sich als "Künstler" zu verhalten. Da es für den echten Künstler degradierend wäre einzugestehen, daß er nicht der wahren Kunst diene, proklamiert er das Medium notgedrungen zur Kunst. Und da der unechte Künstler mehr als jeder andere die Berechtigung seines Daseins nachzuweisen hat, proklamiert er das gleiche um so heftiger. Die Verhaltensweisen und Attitüden dieser Gruppen sind es, die die Erkenntnis der sozialen, der ästhetischen und wirtschaftlichen Ebenen verdunkeln; dadurch aber auch einen Engpaß herrichten über das Verhältnis zwischen künstlerischer Freiheit und sozialer und wirtschaftlicher Sicherung. Dieser Engpaß hat zweifellos dazu geführt, daß - wie wir in einer Studie über den unversorgten selbständigen Künstler dargelegt haben (R. KÖNIG und A. SILBERMANN 1964) - in einigen Ländern auch der selbständige Künstler durch eine Staatsbürgerversorgung geschützt ist. Bleibt dennoch zu fragen, ob hierdurch die dem Kunstsoziologen immer wieder entgegenkommende Problematik der Dichotomie von Freiheit und wirtschaftlicher Sicherung für den Künstler eigentlich schon gelöst ist. Wird man nicht immer wieder dem Verlangen begegnen, daß in einer freien Gesellschaft die Künstler frei sein sollen von Anweisungen und Kontrolle, mögen diese vom Staat oder von anderen Institutionen kommen? Die Antwort auf eine solche Fragestellung geht weit über Erwägungen über die Freiheit des Künstler oder über Freiheit schlechthin hinaus. Sie weist uns auf die Beziehung diverser Faktoren der sozialen Kontrolle einerseits und dem Wandel der Rolle des Künstlers andererseits hin. Greifen wir diesen Gesichtspunkt auf, dann erheben sich für den Künstler auf der einen Seite und für das Verhalten der Gesellschaft als wirtschaftlicher Faktor auf der anderen Seite folgende Fragen:

1) Wie ist es gegenwärtig um die Beziehung der Rolle des Künstlers zur sozialen Kontrolle bestellt, d.h., welches sind die aktuellen Instanzen der sozialen Kontrolle?
2) Wer übt die soziale Kontrolle aus?
3) Welches sind die Ausdrucksformen der modernen Gesellschaft, die möglicherweise die Rolle des Künstlers beeinflussen, d.h., haben diese Formen irgendwelche Beziehungen zur Welt der Künste?

Fragen dieser Art bilden die strukturelle Grundlage für Erkenntnis und Analyse der Beziehungen, die über die sozio-kulturelle Institution verlaufend zwischen Wirtschaft und Kunst bestehen. Unter Ausschluß billiger ökonomischer Argumente stoßen wir dabei unweigerlich auf eine Thematik, die im Verlaufe unserer Darstellung schon mehrfach angesprochen wurde, indes um des Zusammenhangs willen im vorliegenden Rahmen noch einmal kurz skizziert werden muß. Und zwar geht es um die soziale Rolle des Künstlers, arbeite er für oder bei einer sozio-kulturellen Institution wie beispielsweise dem Fernsehen. Im Gegensatz zu früheren Zeiten ist sie nicht länger streng umrissen, ist sie in der vorherrschenden offenen Gesellschaft ohne feste Abgrenzung. Denn während früher der Künstler seine Kreationen einem bestimmten Mäzen oder Klienten anzubieten hatte, steht er nunmehr einer anonymen Öffentlichkeit auf dem offenen Markt gegenüber, wenn sich auch gewisse Verteilergruppen, womit gemeint sind Galerien, Museen, Kunsthändler, Manager, Verleger, Opernhäuser und Medien in diesen offenen Wirtschaftsprozeß einschalten. Eben dadurch, daß der Großteil des Marktes aus einer anonymen Öffentlichkeit besteht, die höchstfalls noch durch ein Kollektivverhalten bzw. Kollektivbewußtsein geleitet ist, dient der Künstler jedem und keinem. Die Ablösung von der Willkür eines womöglich despotischen Einzelnen hat zunächst dazu geführt, daß nunmehr erstens die Launen des Geschmacks eines Kollektivs beherrschend werden, zweitens ein Kunstmarkt entstanden ist, dessen Schwankungen der Künstler unterliegt, und drittens das Moment des Wettbewerbs mit anderen Künstlern auf dem offenen Markt vordergründig geworden ist. Diese so lang ersehnte "Befreiung" - zum Ausdruck gebracht in dem Aphorismus: man dient nunmehr jedem und keinem - hat weiterhin dazu geführt, daß mehr und mehr Künstler dazu übergegangen sind, nunmehr für sich selbst, höchstfalls noch für die Kritik ihrer Kollegen zu arbeiten, was zwar eine Erhöhung der Ausdrucksfreiheit der Künstler bedeutet, jedoch gleichzeitig auch ein Sich-Verlieren in eine esoterische Symbolsprache und in eine wirtschaftliche Isolation. Verbindet sich diese Esoterik nun mit einer radikalen Verleugnung der Vergangenheit, will sagen, des kulturellen Erbes und dazu noch mit der Ablehnung einer jeden Konkurrenzbewegung, dann richtet sich die Haltung des Künstlers in letzter Instanz stets gegen das Publikum und bedenkt dieses mit den gleichen Schmähungen, die ihm gegenüber gebraucht werden. Das heißt, ein Denken in Stereotypen setzt ein - worunter die Akklamation der künstlerischen Freiheit nur eines von vielen ist - und, was weitaus bedenklicher ist, eine Entfremdung des Künstlers von der Gesellschaft, die ihren Höhepunkt dort erreicht, wo der Künstler sowohl seine eigene Mittelmäßigkeit als auch seine gesellschaftliche Ablehnung als sozial und wirtschaftlich bedingt rationalisiert.

Alle diese Veränderungen stehen in enger Beziehung zueinander und werden, im soziologischen Sinne gesprochen, durch soziale Kontrolle bestimmt. Verstehen wir, ohne auf Einzelheiten einzugehen, unter sozialer Kontrolle den Vorgang, durch den eine Gesellschaft oder eine Gruppe sucht, sich den Gehorsam ihrer Mitglieder mittels bestehender Verhaltensmuster zu sichern, dann gilt es in diesem Zusammenhang, auf die Kontrollinstanzen hinzuweisen, denen der Künstler heute gegenübersteht, insoweit sie seine künstlerische, seine soziale und seine wirtschaftliche Existenz bedingen.

Betrachten wir als erste Kontrollinstanz den Kunstkonsumenten, das Fernsehpublikum. Ihm wird von seiten elitärer Kunstphilosophen meist ein sozial und kulturell kontrollierender Einfluß schon allein deswegen abgesprochen, weil es in einer offenen Gesellschaft ein diffuses Publikum sei. Überdies und zudem noch im Dienste ihrer eigenen althergebrachten Interessen wird von seiten besagter Kunstphilosophen auf die Frage: "Kann das Publikum wollen?" stets deshalb mit einem kategorischen Nein geantwortet, weil sich die negativen Reaktionen, die negativen Verhaltensmuster des Publikums beim Anblick, beim Lesen oder beim Anhören von Werken der Kunst leicht stereotypisieren lassen als Verwirrung, Rationalisierung, Heiterkeit oder Ärger, während die positiven Verhaltensmuster stärker verinnerlicht sind und weniger stereotypisiert auftreten. Von derlei Argumenten absehend, kann es sich wirklichkeitsnahe bei der sozialen Kontrolle durch das Publikum, falls diese eine direkte Aktion ausmachen soll, nur um barbarische Aktionen wie Bilderzerstörung, Verbannung von Künstlern, öffentliche Verspottung oder Anprangerung handeln, weniger barbarisch um den wirtschaftlichen Boykott des Künstlers, indem seine Werke keinen Markt finden. Letzteres ist jedoch eher als eine _indirekte_ Aktion anzusehen, und zwar als Ergebnis der _Funktionen des Publikums_. Denn diese sind es, durch die das Publikum sozial kontrollierend Wirksamkeit erreicht.

Als nächste Kontrollinstanz sind die Künstler selbst, und zwar als _ästhetische Elite_ zu nennen. Damit wird auf die zahlreichen künstlerischen Bewegungen verwiesen, wie sie die Kunstgeschichte aufgezeigt hat, auf freiwillige Assoziationen ohne Satzungen und Funktionäre, wohl aber mit einer fest umrissenen künstlerischen Zielsetzung. Hier sind betonter Nonkonformismus und pseudo-bohemisches Verhalten die eine Seite einer sozialen Kontrolle durch die ästhetische Elite, während auf der anderen Intoleranz, Traditionsgebundenheit und Verlangen nach Loyalität ihren kontrollierenden Druck ausüben. Im großen Rahmen des komplexen Ganzen gesehen, erkennen wir hier eine Konfliktsituation, bei der alles pluralistisch sich manifestierende Künstlerische dem pluralistischen Gefüge unserer Gesellschaft gegenübersteht. Individuell gesehen, ist es die Konfliktsituation, die dann entsteht, wenn die einzelne Person mit Bildern, Kompositionen oder Sendungen konfrontiert wird, die ihren Vorstellungen und Erwartungen nicht entsprechen. An diesem ausschlaggebenden, ja kritischen Punkt entscheidet sich sowohl das Verhältnis der Produzentengruppe zu ihrem theoretischen Publikum als auch das der theoretischen Publikumsgruppen zu ihren Künstlern. Dann aber lautet die Frage nicht mehr, wo sind die Grenzen der Kunst und wo beginnen bloße Kunsterzeugnisse oder aber: ist es des Künstlers Rolle, nur noch Experimentator zu sein, oder, noch stärker ausgedrückt: wie steht es um seine Außenseiterschaft - nein, die für den Kunstsoziologen entscheidenden Fragen über das Verhältnis des Künstlers zur Gesellschaft, und zwar heute wie damals, lauten: Auf wen reagieren eigentlich die Künstler? An wem orientieren sie sich? Wessen künstlerische Ansichten sind ihnen wesentlich? Diesen Fragen ist nachzugehen, es sei denn, man begnüge sich mit solch banalen Antworten, die da sagen: "Im großen und ganzen bekommen die Menschen die Kunst, d.h. in unserem Zusammenhang auch: die Fernsehsendungen, die sie verdienen", und das determiniere ihre soziale Situation.

Ohne auf die gewiß unwahren, weil unmenschlichen Aussagen von Kunstproduzenten einzugehen, die uns künden, daß sie sich keineswegs um die Ansichten anderer kümmern, liegt die Antwort auf diesen soeben gestellten Fragenkomplex im soziologischen Konzept des "significant other", des "bedeutungsvollen Anderen" geborgen. Dieses Konzept aus dem Gebiet des menschlichen Verhaltens sagt uns, auf eine kurze Formel gebracht, daß der Mensch in der Definition seiner Existenz einer Bezugsgruppe bedarf und innerhalb der diversen Bezugsgruppen, die ihm zur Verfügung stehen, es der bedeutungsvolle Andere ist, der in erster Linie als Repräsentant seiner Bezugsgruppe in Frage kommt, d.h. nach dem man sein Verhalten richtet. Dementsprechend ist es an der kunstsoziologischen Forschung zu erkunden, auf wen, sagen wir derzeit, die Künstler reagieren, an wem sie sich orientieren, mit anderen Worten, wer für den Künstler der oder die bedeutungsvollen Anderen sind.

Bei richtiger Einschätzung bekannt gewordener Konfliktsituationen hat es zur Zeit den Anschein, daß im Rahmen des institutionalisierten Fernsehwesens der bedeutungsvolle Andere für die oben angeführten ("echten" und "unechten") Künstler eher die anderen ("echten" und "unechten") Künstler sind und nicht die verallgemeinerten Anderen, die Gesamtgemeinschaft, an die sich die (Fernseh-) Künstler mit ihren Produkten richten. Aber, so bleibt zu fragen, kann sich denn der Künstler in der heutigen städtisch-pluralistischen Gesellschaft überhaupt an diese Gesamtgemeinschaft richten und sich nach ihr richten? In einer pluralistischen Gesellschaft ist dies ein hoffnungsloses Unterfangen, zumal wenn wir bedenken, daß gerade in der pluralistischen Gesellschaft die unterschiedlichsten Künstlertypen an die gleiche Situation von unterschiedlichen Gesichtspunkten aus herantreten. Das aber wiederum heißt, daß die Identifizierung des Publikums, für das der Künstler schafft, von entscheidender Bedeutung wird. Dieses Publikum ist jedoch am Vorgang des schöpferischen Aktes a priori nicht beteiligt; denn es ist zunächst ein theoretisches Publikum - also auch keine Bezugsgruppe. Da ohne eine solche aber die soziale, die wirtschaftliche und die künstlerische Existenz des Künstlers hoffnungslos in der Luft schwebt, um nicht zu sagen, gefährdet ist, bleiben dem Künstler als bedeutungsvolle Andere nur die anderen Mitglieder seiner Künstlergruppe. Das heißt, um es noch anders auszudrükken, indem sich der (Fernseh-) Künstler mit den anderen Mitgliedern seiner Gruppe identifiziert, sind ihm diese bedeutungsvoll, üben diese eine Art soziale Kontrolle auf sein schöpferisches Denken aus.

Der Künstler selbst wird einer solchen Analyse nie zustimmen, obwohl er weiß, daß er heute mehr denn je inmitten einer Dichotomie lebt und schafft: Steht er doch zu gleicher Zeit außerhalb und innerhalb der Institution; ist er doch dem Zeitlosen verpflichtet und stets noch an die Zeit gebunden; ist er doch international in seinem Ausblick und dennoch an seinen nationalen Charakter gebunden. Dieser fundamentale Konflikt, bei dem der Künstler auf der einen Seite nach Gruppenmitgliedschaft strebt und auf der anderen nach Unterschiedlichkeit, ist wahrleich keine beneidenswerte Situation. Wenn es von seiten der Kulturpessimisten hierzu in geradezu banaler Weise heißt, daß diese Haltung ein Zeichen für den Untergang der Künste bedeute, dann wenden sie sich in ihrer Wirklichkeitsfremdheit sowohl gegen jedwede Kommerzialisierung der Künste als auch gegen eine soziale und wirtschaftliche Sicherstellung ihrer Künstler.

Letztlich kommen wir bei unseren Ausführungen über soziale Kontrolle zu den kritischen Eliten, jenen Gruppen, die zwischen der ästhetischen Elite und dem Publikum stehen und oft als "Geschmacksfabrikanten" bezeichnet werden. Zu ihnen zählen nicht nur Museumsfunktionäre, Galeriebesitzer, Kunstmanager, Verleger, Lektoren und Dirigenten, sonder auch die Kulturredakteure von Zeitungen, Zeitschriften und last not least die Rundfunk- und Fernsehanstalten. Sie brauchen sich erst in letzter Linie mit Qualität als solcher auseinanderzusetzen; wesentlicher ist es, daß sich die Kulturware verkaufen läßt. Wenn innerhalb der kritischen Elite heute Kulturredakteure von Rundfunk und Fernsehen zu einflußreichen Faktoren im Prozeß der sozialen Kontrolle geworden sind, so nicht nur, weil sie ihrer ureigensten Aufgabe, nämlich der der Erziehung und der Kritik Genüge leisten, sondern auch weil sie es in der Hand haben, neue Künstler und neue Richtungen abzulehnen oder zu unterstützen, im extrem schädlichsten Fall gar, sie zu ignorieren. Mit diesem Angstgespenst vor Augen ist es nicht verwunderlich, daß sich in der Künstlerschaft jedesmal Entrüstung breit macht, wenn außerkünstlerische Instanzen sich das Recht anmaßen, letzte Entscheidungen über die Aus- und Aufführung von Kunstwerken zu fällen. Entrüstungsrufe erklingen auch von seiten jener Kulturphilosophen, die unter allen Umständen von der immanenten Bedeutung des Kunstwerks auszugehen wünschen, sei dies in bezug auf einen auf dem Bildschirm erscheinenden "Hamlet" oder sei es in bezug auf Offenbachs "Hoffmanns Erzählungen". Sie kommen angesichts der popularisierten Fassung solcher Werke zu dem Ergebnis, daß die Mittler, das heißt das Medium und die Menschen, die dahinter stehen, hier bewußt spezifische Kitscherlebnisse erzeugen, eine Aussage, durch die notfalls der Nachweis einer verfallenden Kultur zu erbringen wäre, nicht aber das Postulat einer beabsichtigten Allgemeingültigkeit. Demzufolge ziehen sie es in ihrem Bestreben, als unfehlbarer Maßstab für Wert und Unwert zu gelten ,vor, mit dem ihnen selbst meist unklaren Begriff von der Masse zu argumentieren, sprechen von Vermassung, von Nivellierung, von Halbbildung und sonstigen entwürdigend klingenden Nomenklaturen und ziehen zur Verfestigung ihrer Argumente die längst überholte, mehr als einmal als fehlerhaft erwiesene Schrift "Psychologie des Foules" des Mediziners G. LE BON (1895) aus der staubigen Schublade, die bei Unwissenden ebensoviel Unheil angerichtet hat wie die Fabelwesen, die O. Y GASSETs "Der Aufstand der Massen (193o) bevölkern.

Von hier aus hat sich nun eine immense Forschungsaktivität und Literatur entwickelt, die sich entweder anklagend gegen die Institution als "Vermassungsproduzent" oder gegen das Publikum als "Vermassungskonsument" wendet. Inmitten dieses Traumas von der Vermassung wurde die Bedeutung der Medien im Rahmen des kulturellen Systems und damit der Kreation, der Verbreitung und der Auswirkungen der Künste ignoriert, wenn nicht gar zertrampelt. Bedienten sich doch Analytiker und Forscher der gesamtgesellschaftlichen Erkenntnisse der Massenkommunikationsforschung und ließen kunstsoziologische Verzweigungen außer acht, darunter vor allem die immer wieder aufs neue zu betonende funktionale Sicht. Anklagend auszurufen und zu glauben, es seien die massenmedialen sozio-kulturellen Institutionen, die die Tendenzen zur Popularisierung von Kulturgütern um der höchsten Ausdehnung ihres Publikums willen fördern, ist irrtümlich - sie schaffen sie nicht, sondern spiegeln sie interaktionell wider. Es ist für die kunstsoziologische Analyse zum einen davon auszugehen, daß sich die sozio-kulturellen Institutionen in kulturell hochstehenden und entwicklungsbereiten Ländern niemals mit dem Ruhme brüsten dürfen, ihr Publikum für gute, für wahre Kunst erweitert zu haben. Auf der anderen Seite aber auch brauchen sie nicht zu fürchten, sogenannter billiger Kunst zu einem größeren Aufnahmekreis verholfen zu haben. Beide Gattungen, die besser zu bezeichnen wären als permanente, temporäre und ephemere Kunsterscheinungen, sind in erster Linie Aktivitätsausdrücke der Kultur, in zweiter Linie mobile Kulturveränderungen und drittens zeitgemäße Kulturwirkekreise, die viertens in ihrer Totalität zu dem erstrebenswerten Ziel führen, den Hörer, Leser oder Betrachter - der,während er hört, liest oder sieht, ein Einzelner ist - durch die verbindende Kraft der Künste zum Mitglied kleinerer oder größerer Gruppen der Gesellschaft werden zu lassen. Nur so gesehen - nämlich Übereinstimmung und soziale Verständigung als Ergebnis der funktionalen Interaktion von Gruppen verstanden - erkennen wir zwei funktionale Ebenen: eine logische und eine emotionale. Es ist diese mangelnde Erkenntnis zweier differenzierter funktionaler Ebenen, beziehungsweise deren Außerachtlassung, die erstens dazu geführt hat, daß die institutionalisierten Medien in ihren künstlerischen Bemühungen kritisiert werden. Sie hat zweitens dazu geführt, daß zwischen Produzent und Konsument eine Distanz entstanden ist, die, was Kunst im oder am Fernsehen angeht, darauf basiert, daß der Fernseher, ebenso wie der Theater- oder der Konzertbesucher in all seinen Verhaltensweisen auf beiden Ebenen zu gleicher Zeit empfindet, es sei denn, er besitze die Stärke, sich rein intellektualisierend einem Erlebnis zu widmen, was wohl nur wenigen gegeben sein dürfte. Drittens hat diese mangelnde Erkenntnis einer Verbindung von Sozialem und Ästhetischem, die vielfach gerade bei künstlerischen Darstellungen zur Dichotomie wird, dazu geführt, die gesunde Entwicklung einer Populärkultur zu verhindern, was viertens eine Verhinderung der Evolution soziokultureller Veränderungen bedeutet, wodurch anstelle Kommunikationslinien zu erhalten, diese immer wieder erneut unterbrochen werden.

Um diesen in seinen Konsequenzen wirtschaftlichen,sozialen und künstlerischen Zwiespalt zu überwinden, wird unter dem Vorwand, von der Kunst selbst auszugehen, zu einem Verteilungsprinzip gegriffen, bei dem allerdings nicht die Künste, sondern in Wirklichkeit die Publikumsstrukturen als ausschlaggebende Faktoren gelten: man produziert und verbreitet etwas für die Jungen und etwas für die Alten, etwas für die Frauen und etwas für die Männer, etwas für die Intelligenten und etwas für die Dummen, etwas für Majoritäten und etwas für Minoritäten. Jedoch unter diesem gängigen Gesichtspunkt ist der zu verbreitenden Kulturware ebenso wie dem Kulturschaffenden deshalb keine Grenze gesetzt, weil dieses Konglomerat nie den bedeutungsvollen Anderen darstellen kann - die Vielfalt einer Mischung verhindert die Spezifikation. Aber, wie dargestellt, bedarf der Künstler des bedeutungsvollen Anderen, um seinem kreativen Drang Ausdruck zu verleihen und um seine wirtschaftliche Existenz abzusichern. Um dies bei einem Zustand zu erreichen, bei dem Massenmedien wie das Fernsehen zum Mäzen der Künste und der Künstler geworden sind, werden die Fernsehanstalten ebenso wie die Kulturschaffenden sich an einem gemeinsamen Punkt treffen müssen, der dort liegt, wo erkannt wird, daß Kulturgüter wie zum Beispiel die Kunst nicht länger als Konsumgüter anzusehen sind, sondern in dem hier umrissenen Zusammenhang das Stadium der Dienstleistungsgüter erreicht haben.

Damit befinden wir uns inmitten des sozio-kulturellen Systems und haben nach den Verbindungen innerhalb dieses Systems zu suchen, die sich der empirischen Kunstsoziologie als funktionale Wirkekreise darstellen und zu Zwecken des analytischen Vorgehens im folgenden kurz umschrieben werden.

a) Bei der Analyse der Funktion künstlerischer Inhalte für sozio-kulturelle Institutionen, beispielsweise Massenmedien, konzentriert sich die Forschung auf das Verhältnis, in dem die Inhalte den Medien zu Diensten stehen. Die Inhalte haben hier die Funktion einer Ware, die benötigt und gekauft wird, die man herstellt oder herstellen läßt und die zweckbedingt benutzt und verarbeitet wird. Diese rein wirtschaftliche Funktion wird vielfach zum Anlaß kulturkritischer Betrachtungen genommen, die sich in Richtung einer vermeintlichen Gegensätzlichkeit zwischen Technik und Kunst bewegen oder sich polit-ideologisch gebärden.

b) Bei der Analyse der Verbindung zwischen der Funktion künstlerischer Inhalte für die Medien und der Funktion der Medien für künstlerische Inhalte ist das Augenmerk auf die inhaltsgerechte Verwendung der Inhalte zu medien- und massenkommunikationseigenen Zwecken gerichtet. Probleme der Verunstaltung, Ideologisierung, Profanierung, Vulgarisierung und ihre Auswirkungen finden hier ihren Platz, ebenso wie solche der kulturellen, religiösen, sozialen, psychologischen und sozialpsychologischen Integrität und deren Ausdrucksformen.

c) Die Feststellung, daß hinter jedem Inhalt zu seiner Herstellung, Interpretation oder Erläuterung Menschen stehen, führt in die Mitte kunstsoziologischer Analysen unter Hinzuziehung psychologischer und sozialpsychologischer Faktoren. Und zwar bringt die enge Verbindung zwischen den Inhalten, ihren Funktionen und Wirkekreisen einerseits und den Herstellern, Interpreten, Kommentatoren, ihren Funktionen und Wirkekreisen andererseits einen gewissen Grad von Identifizierung hervor, dem ein doppelter Identifizierungsprozeß zugrunde liegt.

c1) Der erste Identifizierungsprozeß steht mit dem Phänomen der Arbeit und/oder des Berufs in Verbindung. Dementsprechend finden bei der Analyse dieses Prozesses alle diejenigen Erkenntnisse aus Psychologie, Sozialpsychologie und Soziologie Anwendung, die sich auf die Wechselwirkungen sozialer Aggregate untereinander und mit ihren Mitgliedern beziehen sowie auf die Aufrechterhaltung der komplexen Gesellschaft durch die gegenseitige Abhängigkeit hoch spezialisierter und unterschiedlicher Berufsgruppen. Fragen wie Berufsstatus, Schichtung, Hierarchie, Prestige, Stabilität, Freiheit u.a. stehen hier im Vordergrund.

c2) Der zweite Identifizierungsprozeß und seine Auswirkungen entspringt der Tatsache, daß im Zuge der Institutionalisierung der Massenmedien diese selbst zu Herstellern, Interpreten oder Erläuterern geworden sind. Das böse Wort vom "Fernsehen als Staat im Staat" oder das unspezifizierbare Verlangen nach sog. "Ausgewogenheit" sind hierfür prominente Indizien. In Wirklichkeit handelt es sich um in die kunstsoziologische Analyse einzubeziehende Funktionsverlagerungen, um Funktionsveränderungen oder Funktionsübergänge, bei denen der Vorwurf einer Usurpation unangebracht ist. Wenn heutzutage dieses oder jenes Medium z.B. hinsichtlich des Inhalts "Musik" als Unterhalter, Mäzen, Komponist, Erzieher, Interpret, Impresario, Programmgestalter usw. funktioniert (hierzu A. SILBERMANN 1959) und somit durch Identifizierung in vielfältigen Beziehungen mit Produzenten- und Konsumentengruppen steht, dann hat dies weder etwas mit einseitigen Machtgelüsten noch kulturschädlicher Vermassung zu tun, sondern entspricht dem besonderen strukturellen Stellenwert der Massenmedien in einer vielfach überlokal verflochtenen Gesellschaft. Indem gewisse Inhalte zu einem institutionellen Flächenraum werden oder geworden sind, identifizieren sich Leiter sozio-kultureller Institutionen einerseits mit der Institution selbst, andererseits mit den von ihnen gehandhabten Inhalten.

d) Die Institutionalisierung der Medien und gewisser Medieninhalte haben zu einer Entwicklung geführt, bei der unter der Überschrift Populärkultur deren Existenz und Auswirkungen vielseitigen Analysen unterworfen wird. Grosso modo gesprochen stehen sich hier zwei Gruppen gegenüber. Von den Gegnern der Populärkultur wird ausgeführt, daß diese die Hoch-und Volkskultur bedrohe; Werte der kulturellen Elite zerstöre; künstlerische Produktion durch Kitsch ersetze; Stereotypen zeitgenössischer Tendenzen entwickle; das Empfinden für Realität und jegliche Kunstform untergrabe. Hingegen führen die Verteidiger einer Populärkultur (ihrer Kommunikationsmittel und ihrer Auswirkungen) aus, daß diese demokratischen Idealen entspreche; Zugang zum Wissen eröffne; durchaus intellektuell sein könne;die kulturelle Erlebniswelt erweitere; die Möglich-

keit biete, Befreiung aus dem Unbewußten zu finden.
e) Unweigerlich berührt jede Analyse funktionaler Wirkekreise das Gebiet und die Probleme der Freizeit bzw. der Freizeiterfüllung mit Hilfe der massenmedial produzierten und verbreiteten Inhalte, darunter auch die künstlerischen. Ausgangspunkt ist eine hier nur summarisch angeführte Aufteilung der Freizeit in drei Hauptfunktionen (ausführlich hierzu: E.K. SCHEUCH 1977):
1. Die Funktion der Erholung nach der Arbeit und außerhalb der Verpflichtungen des täglichen Lebens; 2. die Funktion der Zerstreuung als Gegengewicht zur Monotonie des Daseins; 3. die Funktion der Stabilisierung im Sinne der Entwicklung und Entfaltung intellektueller, moralischer oder künstlerischer Fähigkeiten, nicht zuletzt auch als Ausgleich zu Begleiterscheinungen der Industrialisierung wie z.B. Verflachung, seelische Verkümmerung, Automatisierung, Vereinsamung usw. Auf dieser Basis läßt sich das Wirkekreisbild bis hin zu diversen Erlebniskonstellationen erweitern, so wie sie über den Kommunikationsprozeß dem Medieninhalt (als Stimulus gesehen) entspringen. Wiederum knapp zusammengefaßt läßt sich hier mit Bezug auf die Stimuli, Reize oder Antriebe unterscheiden zwischen:
1. Stimuli folkloristischer Art, die Individuen durch ein Kollektiverlebnis näher mit ihren Gruppen verbinden; 2. Phantasie anregende oder Zerstreuung bringende oder mit historischen Perioden verbindende Stimuli, die zu einem Individualerlebnis führen; 3. Stimuli, durch die sich Kultur- und/oder Kunstformen als Idee oder soziale Beziehungen präsentieren, wodurch ein Symbolerlebnis hervorgerufen wird; 4. Stimuli, durch die sich Inhalte als gut, dekadent, inspirativ, sensationell usw. manifestieren, lassen ein moralisches Werterlebnis entstehen; 5. Stimuli, deren Inhalte keinerlei Sinne potent anrühren (z.B. Hintergrundmusik) und sich daher als Beiläufigkeitserlebnis manifestieren.

Wird in diesem hier nur knapp skizzierten Rahmen vorgegangen, um das funktionale Wirkungsspektrum je nach Ausrichtung unter Einbeziehung physischer, emotionaler, kognitiver oder behavioristischer Faktoren festzuhalten, bleibt für den Kunstsoziologen stets noch die Frage offen, ob die tatsächlichen Wirkungen dem Ziel gemäß - also funktionale - oder nicht gemäß - also dysfunktional - sind. Ohne eine solche interpretative Bewertung bliebe die empirische Arbeit hoffnungslos undifferenziert, um nicht zu sagen, nutzlos. Denn gemessen an bestimmten Zielen, sind auch kurzfristig den Zielen nicht gemäße Wirkungen negativ zu bewerten. Die gleichen Wirkungen können jedoch Sekundäreffekte hervorrufen, die gegebenenfalls durchaus als positiv angesehen werden. Das gilt insbesondere dann, wenn die vorherrschenden Werte einer Gesellschaft, an denen gemessen bestimmte Wirkekreise positiv oder negativ bewertet werden, selbst im Wandel begriffen sind. Von daher erweisen sich kurzfristig nicht gewollte Wirkungen mittel- und/oder langfristig vielleicht als Hervorrufer akzeptabler Wirkekreise, wodurch Institutionen zu Vorreitern des sozialen Wandels werden. Als Beispiel sei hier nur die teilweise Enttabuisierung der Sexualität einschließlich der Pornographie angeführt, eine Entwicklung, die inzwischen nicht mehr so allgemein verurteilt wird wie früher, allerdings ohne Beachtung möglicher Tertiäreffekte.

VII Die Analyse künstlerischer Verhaltensweisen

Geht der Kunstsoziologe der auf der Hand liegenden Frage nach, wie die soziale Tatsache Kunsterlebnis aussieht, welche Kräfte es besitzt oder wie es entsteht, kann er nicht wie der Kunstphilosoph oder der Kunstwissenschaftler mit Hilfe sich auf Stil-, Form- oder Geschichtskategorieren beziehender Abstraktionen vorgehen. Da es ihm dem Sinn der soziologischen Erkenntnislehre entsprechend um den Menschen zu tun ist, um Handelnde in ihrer Eigenschaft als Träger von sozio-künstlerischen Rollen, reduzieren sich die oben angeführten Fragen auf die Erkenntnis von

Verhaltensweisen, die der Frage: "Wie verhalten sich die Menschen - Produzenten wie Konsumenten - gegenüber dem Kunsterlebnis?" zugrunde liegt. Damit sollen nicht die Wege der Neugierigen betreten werden, die unbedingt wissen wollen, was sich im Kopfe eines Komponisten, eines Interpreten oder eines Zuhörers abgespielt hat, als er dieses oder jenes Werk zu Papier gebracht, vorgeführt oder gehört hat. Vordringlich geht es dem Soziologen hier um die Erkenntnis von bezugskräftigen Handlungsweisen in einer gegebenen Situation. Treffen sich doch in der Arena des Kunsterlebnisses Visuelles und Auditives, das Individuum mit dem Kollektiv, Gegenwart und Vergangenheit sowie aktuelles mit potentiellem Verhalten, und zwar unter Formen, die stets schon die Aufmerksamkeit der Wissenschaften auf sich gezogen haben und um deren Analyse sich Soziologie und Sozialpsychologie - sei es unter dem Namen "Verhaltenslehre" oder "Behaviorismus" - bekümmern. "Es kommt dieser sozialwissenschaftlichen Forschungsrichtung dementsprechend darauf an", so heißt es kurz gefaßt, "nach Beobachtungseinheiten zu suchen, die von den wahrnehmbaren Verhaltensweisen über die Analyse der Motive des Handelns bis zurück zu den einem bestimmten Verhaltensmuster letztlich zugrunde liegenden Normen führen." (G. HARTFIEL 1976, S. 67). Nun mag man sagen, daß der sog. "Behaviorismus" als soziologisches Theorem nur begrenzte Anerkennung gefunden hat. Indes, wie wir sehen werden, stellt die Forschungsrichtung als solche diejenigen zufrieden (und deren sind nicht wenige), die der Erkenntnis der Verbindung zwischen künstlerischer Befriedigung und dem Wissen über die Persönlichkeit des Künstlers einen unbestreitbaren Wert zuweisen. Ohne hier dem Behaviorismus das Wort reden zu wollen und ohne auf die diesbezügliche reichhhaltige Literatur einzugehen, bleibt festzuhalten, daß sich durch die Anwendung seines methodischen Vorgehens dem Kunstsoziologen die Möglichkeit eröffnet, gewisse Beobachtungsdaten als Symptome der Existenz von Menschen an gewissen Stellen in der Gegenwart solcher Prozesse wie dem des Kunsterlebnisses empirisch zu erforschen und zu interpretieren. Denn deutlicher als bei manchen anderen menschlichen Aktivitäten ist die Beobachtung des Verhaltens von Kunstproduzenten und Kunstkonsumenten nicht einfach eine Beobachtung der Bewegungen physischer Körper in Raum und Zeit, sondern stehen gerade mit Bezug auf die Künste bemerkbare physische Tatsachen mit psychologischen in enger Wechselbeziehung (zu Beobachtung und Beobachtungsverfahren siehe R. KÖNIG 1972 und K.-W. GRÜMER 1974).

An dieser Stelle geraten empirisch ausgerichtete kunstsoziologische Forschungen leicht in wissenschaftliche Seitengewässer, alldieweil sich Schleusen zu Nachbarwissenschaften wie Psychologie, Anthropologie und Psychoanalyse auftun, bei denen gesellschaftliche Relevanzen vielfach durch zum Zentrum des prozessualen Vorgangs erhobene zufällige und unbedeutende Einzelheiten überdeckt werden. Dies ist zu vermeiden. Denn will der Kunstsoziologe im Rahmen der sozialen Ordnung individuellen oder kollektiven Verhaltensprozessen und -typen mit Bezug auf das künstlerische Geschehen nachgehen, gilt es: vorsichtig zu beobachten, was geschieht; zu erklären, wie es geschieht; und die Erklärung durch Vorhersage dessen, was als nächstes geschehen wird, zu verifizieren. Geht man diesen Weg, dann entgeht man voreiligen Verallgemeinerungen von Attitüden gegenüber einer Kunstform durch Bezugnahme auf Attitüden gegenüber einer anderen oder gegenüber anderen sozio-kulturellen Phänomenen schlechthin. Die Frage ist nicht so sehr die der Individualität und ihrer Abweichungen oder die der Wertschätzung des Verhaltens, sondern die Beobachtung von Verhaltensmustern, ihr Zustandekommen, ihre Bedingtheit und ihre Zukunftsträchtigkeit.

1. Aktuelles und potentielles Verhalten bei der Produktion

In der kunstsoziologischen Literatur wird bei der Erläuterung unterschiedlicher Ingredienzen des Kunstlebens gerne zu Recht auf den soziologischen Begriff der Sozialisation, bzw. auf Sozialisationsprozesse zurückgegriffen, die in der Allgemeinsoziologie erkenntnistheoretisch oft am Beispiel einer Kunstform vorgeführt werden. So heißt es z.B. in einem allgemein anerkannten amerikanischen Lehrbuch (von anderen Autoren vielfach übernommen): "Through faulty socialization a given person may come to like the music of his society more or less than is normal; if less, he may be led to experiment with it. But he will hardly escape so completely from his society that he will invent an entirely new kind of "music"; at the most he will devise a variation on the conventional forms. For everything that he knows about the making of music and whatever he may like in the way of music has of necessity been socially derived, a direct or inadvertent product of his socialization..." (R.T. LAPIERE 1946, S. 54). Bei der Überführung dieser oder ähnlich lautender Sätze in das kunstsoziologische Erfahrungsfeld ergibt sich ein Bild, bei dem Kunstproduzenten und -konsumenten anhand gewisser ererbter Fähigkeiten sowie anhand von durch Sozialisationsvorgänge entstandener Elemente ihr Verhalten verdeutlichen, indem sie gewisse sozio-kulturell bestimmte Rollen übernehmen. So gesehen wird das Verhalten bei der Produktion des Kunsterlebnisses oder das der Produzenten gegenüber dem Kunsterlebnis (was im vorliegenden Zusammenhang auf das gleiche hinausläuft) zur Gestaltung eines normativen Rahmens. Dabei wird (mit wenigen Ausnahmen) nicht davon ausgegangen, der normative Rahmen <u>determiniere</u> die Aktionsrichtung des Produzenten, sondern eher, daß er eine Aktion <u>fördere</u>, die nicht gänzlich von ihm allein abhängt.

Die beobachtende Analyse des <u>potentiellen</u> Verhaltens eines Kunstschaffenden in einer gegebenen Situation (beim Malen, Komponieren etc.) klammert sich zumeist an die Attitüden, Einstellungen, Haltungen des Produzenten. Im Grunde genommen ist dies das Lieblingsfeld kunstwissenschaftlicher und biographischer Arbeiten, die sich auf die faszinierende Entdeckungsreise ins Innenleben, in innere Vorstellungen und Ideen des Künstlers begeben. Gewiß schließen Attitüden stets eine Beziehung des Subjekts zum Objekt in sich und sind auch immer mit Stimuli verknüpft, doch lauert für empirische kunstsoziologische Arbeiten dort eine Gefahr, wo Gegebenheiten, die zur Entstehung und Gestaltung von Attitüden geführt haben (z.B. Mut, Angst, Liebe, Wohlergehen, Not, Örtlichkeit, Fixierungen usw.), so stark in den Vordergrund gerückt werden, daß ihre Verbindung zu gewissen Attitüden als die Attitüden selbst angesehen werden. Hier bleibt die Analyse bei den mit den Attitüden verbundenen Vorstellungen und Ideen stecken, wodurch sowohl das menschliche Bild als auch der soziale Prozeß verfälscht werden. Denn übersehen wird, daß es zwar Kunstproduzenten gibt, die sich in ihren Werken unumschränkt offenbaren, aber auch ebensoviele, die in ihrem Schaffen ihren eigenen "Anti-Typ" enthüllen, das Werk sozusagen nur Ergänzung ihrer selbst ist. Ohne weiter auf Natur und Funktion von Attitüden einzugehen, bleibt für das hier zur Diskussion stehende Analyseverfahren von der prägnanten Formulierung auszugehen, die sagt: "Eine Attitüde ist im wesentlichen eine Form vorweggenommener Reaktion, Beginn einer Aktion, die nicht notwendigerweise vollendet ist. In diesem Sinne ist sie mit Bezug auf Verhaltensrichtungen dynamischer und aussagekräftiger als eine bloße Ansicht oder Idee" (K. YOUNG 1951, S. 121).

Wir nehmen als Beispiel die vielfach durchgeführten Befragungen von Schriftstellern, Komponisten, Malern in bezug auf ihre Haltungen gegenüber Aufträgen. Wenn hier die Antwort lautet: "Ich produziere gerne Auftragswerke", haben wir es mit einer offenbaren Reaktion zu tun, die eine bestimmende Verhaltenstendenz gegenüber dem künstlerischen Stimulus charakterisiert. Wird dem erläuternd hinzugefügt, wie es meistens der Fall ist, daß man allerdings gezwungen sei, sich von Ideen, Plänen, Vorstellungen frei zu machen, die der Auftragsbestimmung nicht entsprächen, und man themen- und termingemäß festgelegt sei, dann stehen wir einem Verhaltensmuster bei der Produktion gegenüber. Und zwar insofern, als diese Antwort oder das Gegenteil Ausdrücke der Aktionsweise in einer gegebenen Situation sind; es konkretisiert sich im Verhaltensmuster eines der sozial bestimmenden Faktoren des Kunsterlebnisses. Indem sich der Kunstsoziologe bei der Analyse von Verhaltensmustern strikt an das Beobachtbare hält, wird die empirisch unzuverlässige Herstellung von Verbindungen zu ideologisch oder metaphysisch verbrämten Unterstellungen sowie zu früheren Werken und persönlichen Idiosynkrasien vermieden. Denn wesentlich bleibt für die behavioristische Analyse das aktuelle Verhalten bei der Produktion, nicht das potentielle, da dieses höchstfalls als Charakteristikum behavioristischer Tendenzen gelten kann. Natürlich läßt sich mit Hilfe der behavioristischen Analyse annäherungsweise auch erkunden, ob der Produzent wirklich so ist, wie es das Werk zeigt, oder nur so zu sein scheint, oder nur so betrachtet zu werden wünscht. Diese gewiß interessanten Fragen liegen jedoch erkenntnismäßig außerhalb des Kunstlebens, und der Kunstsoziologe tut gut daran, sie in das Feld des Studiums der Persönlichkeit zu verweisen, wobei hinzukommt, daß ihre Einbeziehung leicht zu einer Verfälschung des vordringlich interessierenden Kunsterlebnisses führen kann. In unverblümten, ja groben Worten gesagt, was gehen denn den Konsumenten bei Entfaltung und Teilnahme am Kunsterlebnis Motivationen an, zumal sie sich sowieso nur in äußerst seltenen Fällen direkt im Kunsterlebnis, das heißt beim Treffpunkt von Produktion und Konsumtion als Verhaltensmuster zeigen. Oder - um hier ein Beispiel zu bringen - wollte man vielleicht behaupten, es habe im Augenblick der Entfaltung des Musikerlebnisses eine Rolle gespielt, ob von zwölf Komponisten, die den Auftrag erhielten, Variationen über eine Mozart-Arie zu schreiben, drei den Auftrag erfüllten, weil sie das Geld brauchten, zwei, weil sie glühende Anarchisten waren, oder vier, weil sie sich um die Zukunft der Menschheit sorgten? Alles dieses und ähnliches hat mit dem den Kunstsoziologen interessierenden Leben der Künste nichts zu tun. Seine Aufgabe kann und darf es nicht sein, das Persönliche der Persönlichkeit zu zerstören und den Künstler verhaltensmäßig so zu zerlegen, wie es den Kunstwissenschaften zustehen mag. Hier trennen sich schon deshalb die Wege, weil sich das durch Reziprozität der Kommunikation entstehende Ergebnis gar nicht zeigen kann. Dementsprechend ist eine scharfe Trennungslinie zwischen Motivationen und Ergebnissen zu ziehen und, wir wiederholen, auf der Erkenntnis des Kunsterlebnisses als einzigen zentralen Ausgangs- und Mittelpunkt kunstsoziologischer Analysen zu bestehen.

2. Aktuelles und potentielles Verhalten bei der Konsumtion

Allein schon angesichts der Tatsache, daß rein quantitativ gesehen die Gruppe der Kunstproduzenten weitaus geringer ist als die der Kunstkonsumenten, gewinnt die Analyse des Verhaltens bei der Kunstkonsumtion an übergeordneter Bedeutung. Denn der wohlbegründete Satz, daß Kunst Leben ist, läßt auch sagen, daß schließlich und letzten Endes die Künste von ihren Betrachtern, Hörern und Lesern, von ihren Konsumenten, dem Publikum leben. In letzter Konsequenz bedeutet dies auch, daß sich ein Kunsterlebnis nur so lange lebend erhalten kann, so lange es in der Lage ist, durch Wirkungen sich zu bezeugen. Wendet sich der Konsument von ihm ab, sei es durch Verhaltensmuster wie Abneigung, Protest, Boykott, Unverständnis oder das oft zitierte In-Vergessenheit-geraten, dann geht das Kunsterlebnis in sich selbst zu Grunde: der sozio-kulturelle Prozeß löst sich auf. An dieser Stelle setzen mit Vorliebe manche Untersuchungen und Studien an, die insofern jedoch wenig mit empirischen kunstsoziologischen Arbeiten und Denkweisen gemein haben, als sie sich entweder als aus der Immanenz des Kunstwerkes hervorgegangene Wertbeurteilungen gerieren oder als Besorgnisse um die Zukunft der Künste. In beiden Fällen muß eine sich auf Verhalten gründende Forschungsweise versagen, und zwar einmal, weil Verhaltensmuster nicht als Werturteile angesehen werden können, und zum anderen, weil Beobachtung nur gegenwärtig sein kann. Im übrigen wendet sich der verantwortungsvoll arbeitende Kunstsoziologe von derlein Ansätzen schon deswegen ab, weil die Erfahrung gezeigt hat, daß sie, von sog. Kulturbeflissenen betrieben, in den meisten Fällen bei einer Anklage der Konsumenten, wenn nicht gar ganzer Gesellschaftsgruppen enden. Das Grundelement der Anklage beruht auf der falschen Voraussetzung, jeder Kunstkonsument müsse ein "gebildeter" Mensch sein und müsse sich gegenüber dem Kunsterlebnis wie eine "kultivierte" Person verhalten; nur der ungebildeten Masse sei es erlaubt, sich gegenüber "billiger" Kunst zustimmend bis enthusiastisch zu verhalten.

a) Einzelverhalten bei der Konsumtion

Unter ausdrücklicher Vermeidung Werte bestimmender Kunstkritik wenden wir uns dem Einzelverhalten bei der Konsumtion zu. Es kann von verschiedenen wissenschaftlichen Gesichtspunkten aus erforscht werden: aus dem Blickwinkel der Ästhetik, der Psychologie, der Soziologie oder der Sozialpsychologie (natürlich auch von dem der hier nicht zu behandelnden Naturwissenschaften). Ein Beispiel: Im Rahmen der Analyse des Verhaltens von Musikhörern befassen sich sozialpsychologische Arbeiten wie die von G. REVÈSZ 1946; P.R. FARNSWORTH 1976 mit dem Einfluß von Tönen (Geräusche, Worte,Musik) auf den Hörer; es werden mit Hilfe von Tests oder Befragungen Koeffizienten von Aufmerksamkeit, Gedächtnis, Gemütsbewegungen etc. analysiert. Ähnlich gelagerte Studien dienen beispielsweise dazu, den Grad der Vorstellungskraft des Lesers in Korrelation mit Variablen wie Alter, Umgebung, Schulbesuch usw. festzustellen. Insgesamt zeigen sie, daß Psychologie und/oder Sozialpsychologie überall dort dem Kunstsoziologen zu Diensten stehen, wo es sich um Verhalten, Antriebe, Wirkungen und Erlebnisse handelt, die einer mehr persönlichen Orientierung gegenüber der Gesellschaft entsprechen.

Betritt nun in diesem Zusammenhang der Soziologe das Haus des

Hörers oder Lesers, um zu beobachten wie er auf Musik oder Lektüre reagiert, kann dies zu Erkenntnissen über die Arten und Weisen führen, mit denen Wünsche und Aktionen des Konsumenten durch ein Kunsterlebnis beeinflußt werden. Dabei ist es für den Forscher eine beherrschende conditio sine qua non den Unterschied zwischen dem Hörer, Leser, Betrachter und den Hörern, Lesern, Betrachtern deutlichst zu beachten. Denn beobachten wir den einzelnen Hörer, Leser oder Betrachter (gleich nach welcher Methode), erfahren wir nur etwas über den Einzelnen und sein Verhalten. Natürlich kann sein Verhalten mit dem vieler anderer Konsumenten übereinstimmen und können daraus statistisch aufgearbeitete Schlüsse gezogen werden. Doch bleibt zu bedenken und zur Vermeidung verfälschter Ergebnisse zu unterstreichen, daß die Aussagen des einzelnen Hörers, Lesers oder Betrachters jeweils davon ausgehen, daß das Kunsterlebnis ihn selbst als Einzelnen zu gegebener Zeit und in gegebenen Situationen befriedigt habe oder nicht. Es darf die sozialpsychologische Erfahrung nicht übergangen werden, nach der sich der allein Hörende, Lesende und Betrachtende fast nie der Tatsache bewußt ist, daß dieses oder jenes Kunstwerk nicht nur allein für ihn geschaffen wurde und auch andere an einem Erlebnis teilnehmen, das in der Lage wäre, kollektives Verhalten hervorzurufen. Während bei einem Theater- oder Konzertbesuch in den Pausen Eindrücke ausgetauscht werden können, die gesamtklimatische Verhaltensmuster gegenüber dem Theater- oder Musikerlebnis vorbereiten oder prägen können, kann hiervon bei der Majorität derjenigen keine Rede sein, die bei sich zu Hause ein Theaterstück am Fernsehen ansehen oder ein Musikstück über Schallplatte entgegennehmen. In ihrem Verhalten stehen Hörer, Leser, Betrachter bei der Konsumtion des Kunsterlebnisses als "vereinzelte" Individuen vor dem Kunstsoziologen - allerdings nur insoweit, als das mehrfach betonte Gesamtbild, das totale soziale Phänomen noch nicht mit in die Betrachtung einbezogen wurde. Hier setzt der Empiriker an, indem er behavioristische Einflußfaktoren zu erkennen sucht, jene, die oben als Variablen angesprochen wurden, als da u.a. sind: Tageszeit, Ort, Alter, Geschlecht, Bildung, soziale Aktivitäten, Beruf usw. Gerade mit Bezug auf Beruf wurde es anhand verhaltenssoziologischer Erkenntnise unternommen, Konsumentengruppen in Einheiten zusammenzufassen, in Kaufleute, Arbeiter, Landwirte, Beamte etc., woraus sich eine Unterscuhungslinie entwickelt hat, die Fragen nachgeht wie z.B. Kunst als Therapie, oder Kunst als Anreger biologischer oder physiognomischer Verhaltenszustände, oder Kunst für Arbeiter, Kinder, Jugendliche etc. Da bei derlei Gruppeneinteilungen meist auch Bildungsgrade mit einbezogen werden oder davon ausgegangen wird, daß Konsumenten gleich welcher sozialen Gruppe oder Schicht "Kunstliebende" sind, erscheint es umfassender, die Trennungslinie einfach zwischen Amateuren und Spezialisten zu ziehen, zumal sich diese Differenzierung überall zeigt, wo Kunsterlebnisse konsumiert werden. Dabei wollen wir unter "Amateuren" diejenigen verstehen, die vorurteilslos für eine Kunstgattung aufnahmebereit sind, die ihrer emotionalen Konstitution zusagt, während zu den "Spezialisten" diejenigen zu zählen sind, denen nach ihrem Verhalten zu urteilen ein Literatur-, Musik-, Theater-, Film- oder Kunstgenre nur unter solch rationalen Aspekten wie Stil, Form, Rhythmus, Harmonie, Interpretation, Aufmachung etc. zusagt, wobei eine Vermengung des Prototypischen nicht auszuschließen ist.

Diese Verhaltenskonstellation steht in engster Verbindung mit Fragen der Motivation, besser gesagt, mit solchen der Beweggründe, die den Einzelnen dazu führen, ein Theater, ein Kino, ein Konzert, eine Ausstellung aufzusuchen oder eine Vorliebe für spezielle Literaturgenres zu zeigen. Dieser Fragenkomplex (Warum liest man ein Buch? Warum hört man Musik? Warum betrachtet man ein Bild?) hat seit Jahrhunderten die philosophischen Denker beschäftigt und die mannigfaltigsten Antworten hervorgebracht. Soweit es die soziologische Betrachtung betrifft, haben auch wir durchgehend an gegebenen Stellen Antworten vorgelegt, die zusammenfassend dahingehend formuliert werden können, daß es physiologische, psychologische, affektive, mentale und soziale Elemente sind, die über Wahrnehmung, Empfindung und Fassungskraft die Beweggründe des Einzelnen bestimmen.

Diese generelle, auf jede Epoche anwendbare Feststellung hat indes in unserem Zeitalter den Auswirkungen von Einflüssen und Veränderungen Rechnung zu tragen, die durch Einführung technologischer Mittel zustandegekommen sind. Sie beziehen sich sowohl auf das Freizeitverhalten des Einzelnen - der Zeit, in der Kunst konsumiert wird - wie auch auf gesamtgesellschaftliche Veränderungen, z.B. Automatisierung, Verstädterung etc. und ihre Folgen. Die Konstellation, aus der Beweggründe für Kunstkonsum mit spezifischen Verhaltensmustern hervorgegangen sind, sollen am Beispiel der Kunstform Musik dargetan werden, zumal sich statistisch hat feststellen lassen, daß seit der Einführung elektronischer Mittel (Schallplatte, Radio, Fernsehen, Video) der Musikkonsum (gleich welchen Genres) quantitativ bei weitem den Konsum der anderen Kunstformen übersteigt. Gehen wir also davon aus, daß Freizeit, Muße, Entspannung im Rahmen der in diesem Kapitel angesprochenen Fragestellung gewisse Verhaltensmuster bei der Konsumtion des Musikerlebnisses erkennen lassen. Zu beobachten sind hier solche jedes Kunsterlebnis betreffenden Formen des Verhaltens wie sie sich unter dem Einfluß des sozialen Milieus sowie bestimmbarer Gruppen verinnerlichen oder durch das Bedürfnis nach Befriedigung emotionaler, ästhetischer oder intellektueller Verlangen entstehen. Auch sind noch Einflüsse miteinzubeziehen,die sowohl dem Vorbild und dem Instinkt als auch dem Spielbedürfnis entspringen.

Das sehen wir zunächst Verhaltensmuster, die durch Vereinsamung hervorgerufen werden, als da sind: einerseits Nichtstun, Umherlungern, Dösen, Träumen, Zeitvergeuden; andererseits Bummeln, Ausgehen, Besichtigungen, Suche nach menschlicher Gesellschaft. Besonders bei den als erstes genannten Verhaltensmustern wird zur Musik und ihrem Erlebnis Zuflucht genommen. Das heißt, seit die Technologie viele Arten handlicher Mittel zur Wiedergabe von Musik in die Behausungen gebracht hat, werden Einsamkeit und Stille mit Hilfe von Musiken aller Arten, man könnte fast sagen, therapeutisch ausgeglichen. Es bleibt dabei allerdings festzuhalten, daß oft der Musik nicht zugehört wird, sondern nur Hintergrundsgeräusch bzw. Lärm hergestellt werden soll. Und in der Tat motiviert sich auf diese Weise das Verhalten einer Großzahl von Hörern bei der Konsumtion des Musikerlebnisses: Der vereinsamte Mensch greift zur Musik während er Hausarbeiten verrichtet, Briefe schreibt, Zeitungen oder Bücher liest, Essen kocht, herumlungert oder keinen Schlaf finden kann. Wenn dieser Hintergrundslärm von den Kulturindustrie-Anklägern verurteilt wird, geschieht dies in den meisten Fällen unter Berufung auf ein profanes Verhalten gegenüber der heiligen Kunst. Das heißt: das unduldsame Unverständnis gegenüber den angeführten oder ähnlichen Verhaltensmustern rührt von der Gleichsetzung von Musik und Schönheit als positive Absolutheiten her. Es werden die sozialen Umstände der Zeit ausgeklammert und verkannt, daß hier mit einem Mindestmaß an persönlicher Anstrengung Stille und Einsamkeit, Beklemmung, Angst, Furcht und die Banalitäten des Alltags durch ein stellvertretendes Erlebnis, wenn nicht ersetzt, so doch ausgeglichen werden.

Was die weiteren oben angeführten Verhaltensmuster (Bummeln, Ausgehen, Besichtigungen, Suche nach menschlicher Gesellschaft) betrifft, betreten wir hier bereits das Gebiet des Kollektivverhaltens. Denn, um bei unserem Beispiel zu verbleiben, die "Muße als soziales Leben" verlangt hier nach dem Besuch eines Konzertes, einer Opernaufführung, einer Popmusik-Veranstaltung oder gar die Teilnahme an einem Live-Konzert am Radio oder am Fernsehen inklusive Nebengeräuschen, Husten, Beifall etc. Hier läßt sich eine Mischung aus Einzel- und Kollektivverhalten beobachten, da das Musikerlebnis den Menschen zum Einzelverhalten zurückverweisen kann, selbst wenn Musik, Umgebung und Gruppierungen zu kollektivem Verhalten auffordern. Gehört es doch zur immanenten Qualität des Musikerlebnisses (ebenso wie dem eines jeden Kunsterlebnisses), ein Verhalten hervorrufen zu können, bei dem sich jedes Mitglied eines Kollektivs plötzlich allein in Gegenwart seiner Freuden, seines Schmerzes, seiner Hoffnungen oder seines Zorns finden kann. Während im Konzertsaal die Musik ertönt, ist die Verbindung des Einzelnen zu den ihn umgebenden Anderen durch das Verhaltensmuster des Stillschweigens gekennzeichnet ; ist die Musik beendet, kennzeichnet sich die Verbindung kollektiv durch Akklamation, Beifall und andere demonstrative Verhaltensmuster. Mit der Beachtung und Beobachtung des zu hemmendem, beipflichtendem oder förderndem Verhalten bei der Konsumtion des Kunsterlebnisses geht der Kunstsoziologe über das Organisationssoziologische hinaus, ohne den Rahmen des Sozial-Bestimmenden der sozio-kulturellen Tatsache zu sprengen.

Bei der kunstsoziologischen Behandlung der Beweggründe, die zum Einzelverhalten bei der Konsumtion führen, darf jener soziale Prozeß nicht übergangen werden, der als die künstlerische Mode zu bezeichnen ist. Obwohl die Mode in der allgemeinsoziologischen Betrachtung als ein Muster des Kollektivverhaltens angesehen wird - was mehr mit dem Entstehen des Verhaltensmusters als mit seiner Existenz zu tun hat - ist angesichts der Dynamik ihres Einflusses auf das Individualverhalten hier davon zu sprechen. Und zwar vor allen Dingen, weil der Einfluß der Mode auf Verhalten und Attitüden bei der Konsumtion des Kunsterlebnisses vom Kunstsoziologen mit äußerster Vorsicht anzugehen ist. Nicht nur, weil Moden ihrem Wesen nach außerordentlich kurzfristig sind und sich in einem steten Zustand des Wandels befinden; nicht nur, weil extreme modische Erscheinungen leicht zu extremen, epidemieartigen Haltungen tendieren, sondern vor allem, weil die Einbeziehung von Moden in die kunstsoziologische Analyse zur fatalen Vermengung von Geschmack und Wertschätzung führen kann. Es würde leicht zu unerwünschten Apriorismen führen, würde davon ausgegangen werden, die Begeisterung für dieses oder jenes Kunstgenre oder Kunstwerk ausschließlich als Folge modischen Verhaltens anzusehen. Es ließen sich dann nur oberflächlich, d.h. ohne Eindringen in die Materie solche Verhaltensmuster erklären wie beispielsweise gewalttätige Manifestationen von Jugendlichen bei Pop-Konzerten oder die Anerkennung von einstens als unverständlich und/oder abstoßend angesehenen Malereien.

b) Kollektivverhalten bei der Konsumtion

Bei der Betrachtung des Kollektivverhaltens bei der Konsumtion des Kunsterlebnisses kommen wir unumgänglich dem Begriff Masse entgegen. Obwohl sich eine umfangreiche soziologische Literatur ernstlich darum bemüht hat, diesen Begriff definitorisch in den Griff zu bekommen, scheitert seine Klärung - vor allem, wenn er in Verbindung mit Kunst und Kunsterlebnis genutzt wird - an der Schwierigkeit, moralische Werturteile von sachlichen Kennzeichnungen zu trennen. Ohne auf die in der Literatur im negativen wie im positiven Sinn analysierten Begriffskonstellationen wie Massenreaktion, Massenwahn, Massenkonsum, Geist der Massen, Mythos der Masse oder Musik, Literatur, Theater für die Massen erkenntnistheoretisch einzugehen, bleibt praxisbezogen festzuhalten, daß es durch die der modernen Gesellschaft zur Verfügung stehenden Distributionsmittel möglich geworden ist, ein wie immer geartetes Kunstwerk so zu lenken, daß es von der Masse konsumiert werden kann, ohne daß dadurch der Konsum durch den Einzelnen unterbunden würde. Damit kommen wir auf die bereits einmal angesprochene Problemstellung zurück, nach der es eigentliche die Leser, Hörer, Betrachter nicht gibt, sonder nur den Leser, Hörer, Betrachter. Indes verbleibt ein derartiges Argument in der Schwebe, sobald sich das Kunstwerk und mit ihm das Kunsterlebnis in der breiten Öffentlichkeit abspielt, will sagen, vor einem auf einen Ort zusammengeführten Aggregat von Menschen. Hier dann setzt die von H. BLUMLER (1951) anhand der Behandlung des Kollektivverhaltens angeführte Unterscheidung zwischen Publikum, Menge und Masse an. Wenn in diesem Zusammenhang dargelegt wird, daß für das Publikum eine geringere Tendenz besteht, zu einer Menge zu werden, als durch die Masse verdrängt zu werden, erscheint es schon gerechtfertigt, von einem Kollektivverhalten der Masse zu sprechen. Wie man hierzu auch stehen mag, erlaubt dieser breit gespannte Rahmen dem Kunstsoziologen immerhin, in gleichem Ausmaß kollektives Verhalten bei einem Kammermusikkonzert im dreihundertsitzigen Rokokosaal wie bei einer Opernaufführung in der 25000 Menschen fassenden Arena von Verona zu analysieren. Letztendlich stellt sich der hier aufgezeigte Argumentationsweg als ein rein quantitatives Vorgehen dar, welches dazu führen könnte zu sagen, sind im Theatersaal 1500 Menschen anwesend, haben wir es mit Publikum zu tun, sind es jedoch 3000, dann handelt es sich um eine Masse.

Es ist also sehr wohl zu erkennen, daß sich der vorliegende Problemkreis nicht anhand von Quantitäten erfassen läßt, sondern höchstfalls durch die Analyse unterschiedlicher Formen des Verhaltens. Überdies bleibt immer wieder zu betonen, daß Massenverhalten - abgesehen von kommandiertem Verhalten - nicht von Vorschriften geleitet ist, sondern spontan in Erscheinung tritt. Und weiterhin: da sich die einzelnen Mitglieder einer Masse, diese Anhäufung von Individuen, untereinander nicht kennen, wird dem Einzelwesen sein Selbstbewußtsein nicht etwa entzogen, d.h. es verbleibt ihm angesichts eines Kunsterlebnisses die Möglichkeit, durchaus selbstbewußt zu handeln. Dies hat zur Folge, daß anstatt auf Suggestionen und Stimuli derer zu reagieren, mit denen der Einzelne räumlich in Beziehung steht, handelt das einzelne Individuum in Antwort auf das Kunstwerk sowie auf die Impulse, die das Kunsterlebnis erweckt. Das heißt, daß sich das Verhalten der Masse bei der Kunstkonsumtion durchaus nach den Bedürfnissen des Einzelwesens und der Anwort, die es darauf sucht, richtet.

Dieses Paradox, bei dem die Form des Massenverhaltens durch individuelle und nicht durch verwandelte Aktionslinien bestimmt wird, hat bei der Betrachtung von Entstehung, Wertschätzung und Funktion des Kunsterlebnisses in bezug auf gewisse Kunstgenres, vor allem für populäre Literaturgenres zu ruinösen Irrtümern geführt. Erst in letzter Zeit hat die Verwertung behavioristischer Erkenntnisse die Massenkunst-Gegner davon überzeugen können, daß beim Kunstkonsum der Masse stets noch die individuelle Aktion im Vordergrund steht. Fragt sich für den Kunstsoziologen in welcher Form diese "individuelle Aktion" im zur Diskussion stehenden Rahmen auftritt. In erster Linie wohl in der Form einer Auswahl, die in Antwort auf die Impulse und Gefühle getroffen wird, die durch das Objekt des Masseninteresses, nämlich das Kunsterlebnis erweckt werden. Dabei bleibt für die Zwecke einer empirischen Analyse zu beachten, daß es sich bei der Beobachtung des Massenverhaltens um ein Gemisch von individuellen Aktionslinien handelt; daß der Einfluß der Masse erst dann spezifisch wird, wenn diese Aktionslinien zusammenlaufen.Dann erst entstehen jene den Kunstsoziologen besonders interessierenden Verlagerungen in Interesse und Geschmack, die sowohl das Kunsterlebnis als auch sozio-kulturelle Institutionen stärken, verändern, desorganisieren oder zerstören können. Hier befinden wir uns an der Grenze des Einsatzes propagandistischer Mittel zur Hervorrufung von bis zu Raserei führenden Verhaltensmodi, wobei nicht von der Hand gewiesen werden kann, daß die Masse auch ohne derlei Manipulationen außer Rand und Band geraten kann.

Weitaus eindeutiger und beobachtbarer als das Verhalten der

Masse bei der Konsumtion des Kunsterlebnisses ist das des Kunstpublikums. Hier haben wir es mit einer dem Kunsterlebnis gegenüberstehenden Gruppe von Menschen zu tun, deren Ansichten darüber, wie das Kunsterlebnis zu konsumieren sei, zwar geteilt sein kann, jedoch die Möglichkeiten haben, in eine Diskussion über das Kunsterlebnis einzutreten. Die Präsenz eines Kunsterlebnisses, die Mögichkeiten es zu diskutieren, sowie eine wenn auch geteilte, so doch kollektiv zustandegekommene Meinung erweisen sich als bestimmende Merkmale des Kunstpublikums. Wohlgemerkt, hier ist nicht die Rede von Anhängerschaften, sondern nur von elementaren und spontan zustandegekommenen kollektiven Gruppierungen, die sich als eine natürliche Reaktion auf eine spezifische künstlerische Situation ergeben haben. Der elementare und spontane Charakter des Kunstpublikums und das dementsprechende Verhalten zeigen sich dadurch, daß die Gruppe gezwungen ist, durch Entstehen, Existenz und Vergehen des Kunsterlebnisses selbst zu handeln, daß jedoch weder Einvernehmen noch Regeln bestehen, welche die Handlungen vorschreiben. Es gehört zu den Verhaltensmerkmalen des Publikums, daß es während der Konsumtion des Kunsterlebnisses in Bemühungen verwickelt wird, um zu einer Handlung zu gelangen, d.h. es muß seine behavioristische Aktion erschaffen.

Es gehört zu den vom Kunstsoziologen zu beachtenden Eigentümlichkeiten des Publikums der Künste, daß es sich gegenüber dem Kunsterlebnis durch Meinungsverschiedenheit und nur in seltenen Fällen durch Übereinstimmung auszeichnet. Es sind daher bei der auf Verhalten ausgerichteten Analyse des Publikums unter anderem die verschiedenen Grade der Zusammensetzung zu beachten, zumal sich Theaterpublikum, Musikpublikum, Filmpublikum und andere Kunstpublika nicht miteinander vergleichen lassen. Was für die eine Art von Publikum gilt, gilt schon allein aus Gründen der Transformation in formelle Gruppen sowie unterschiedlicher Interaktionsprozesse nicht unbedingt für die andere. Ebensowenig kann das Kunstpublikum einer vergangenen Epoche mit dem gegenwärtigen verglichen werden, da Anzahl und Arten der Publika heute viel größer sind als in der Vergangenheit. Das mag zwar wie eine Platitüde klingen, ist aber keine, wenn wir davon Kenntnis nehmen, daß in der gegenwärtigen sozio-künstlerischen Gesellschaft eine starke Spezialisierung vorherrscht und daher auch ein sehr unterschiedliches Publikum mit speziellen Interessen, speziellen Diskussionsthemen und speziellen Verhaltensmustern. Auch ist noch die leicht beobachtbare Tatsache zu erwähnen, daß Verhaltensunterschiede milieubedingt sein können, je nachdem, ob es sich zum Beispiel um ein rurales oder urbanes Publikum handelt.

Bei alle dem und noch anderen Momenten, die von der Publikumsforschung im allgemeinen erarbeitet worden sind, darf der Kunstsoziologe nie übersehen, daß das Kunstpublikum primär durch ein gemeinsames Interesse, nämlich dem auf das Kunsterlebnis ausgerichteten zusammengehalten ist. Die Schwierigkeiten, die der Aussage: "Niemand kann die Haltung eines oder des Publikums voraussehen" zugrundeliegen, gründen sich vorwiegend darauf, daß durch die fortschreitende Popularisierung der Künste die Anzahl der Kunsterlebnisse so groß geworden ist, daß es für das an diesem oder jenem Kunstgenre interessierte Mitglied der Gesellschaft schwierig oder gar unmöglich geworden ist, mit der Entwicklung Schritt zu halten. Überdies ist ein Großteil der Kunsterlebnisse aus Gründen, die hier nicht zur Diskussion stehen, durch ihre Kompliziertheit so sehr dem Feld der Entfaltung und Erreichbarkeit entzogen worden, daß den Mitgliedern der Literatur-, Theater-, Musik-, Malerei-, Bildhauereipublika weder Zeit noch Möglichkeit gegeben ist, um zu einer sorgfältigen Reaktion und damit zu einem angemessenen Verhalten zu gelangen. Hierauf gründet sich unter anderem die Erkenntnis der Kunstsoziologie, daß in unserer komplexen und sich rapide verändernden Gesellschaft der Einzelne in starkem Maße von dem Verhalten anderer Mitglieder des Publikums abhängig geworden ist. Nur insoweit handelt das Publikum als eine Einheit; nicht jedoch durch Einverständnis.

An dieser Stelle tritt ein weiteres Element im Kollektivverhalten bei der Konsumtion in Erscheinung, nämlich die dem kollektiven Verhalten entsprechende kollektive Meinung, die oft auch als "öffentliche Meinung" angesprochen wird. Um angesichts der Vielfalt der sich um die Begriffskonstellation "öffentliche Meinung" scharenden theoretischen und praxisbezogenen Erörterungen, die sich im eigenständigen Forschungsfels, genannt "Public Opinion Research", niedergeschlagen haben, nicht Opfer einer Verwirrung zu werden, ist darauf hinzuweisen, daß wenn die Begriffskonstellation im Rahmen von kunstsoziologischen Arbeiten nach vorne tritt, öfter fälschlicherweise unterstellt wird, es handle sich hierbei um eine Meinung, mit der jedes ein Kunsterlebnis konsumierendes Mitglied des Publikums übereinstimme oder es sei die Meinung einer Majorität. Als kollektive Meinung kann öffentliche Meinung im Angesicht von Kunstwerken von der Meinung irgendeiner der Gruppen im Publikum durchaus unterschiedlich sein, Da für den Kunstsoziologen ein Verstecken hinter den gängigen Satz: "Die Zukunft wird zeigen, ob dieses oder jenes Kunsterlebnis bestandsfähig sein wird" nicht gelten kann, bleibt es vorzuziehen, sich der öffentlichen Meinung als einer zusammengesetzten Meinung zu nähern, die aus den verschiedenen im Publikum vertretenen Meinungen gebildet ist. Noch besser und empirisch erfaßbar ist es, besonders was den Kunstkonsum betrifft, in der öffentlichen Meinung eine durch das Ringen zwischen den unterschiedlichen Meinungen bestimmte zentrale Tendenz zu sehen und sie dementsprechend als durch relative Stärke und Spiel der Gegensätze gestaltet aufzufassen. Gerade im Leben der Künste hat es sich nur allzuoft gezeigt, daß bei diesem Meinungsbildungs-Prozeß Minoritätengruppen einen größeren Einfluß auf die Gestaltung der Kollektivmeinung ausüben als die Ansichten sozio-künstlerischer Majoritätengruppen. Dies allein schon aus dem Grunde, daß das Kunsterlebnis neben der Sublimierung sozio-künstlerischer Konflikte gleichzeitig auch eine Verkörperung derselben ist. Sich an diesem Paradox und seinen behavioristischen Folgen zu stoßen oder es gar zu übergehen, ist wirklichkeitsfremd. Denn gäbe es keine künstlerische Dialektik, dann entstünde wirklich jene Einheit von Vulgarisierung, Nivellierung und Uniformität, aus der unerwiesener Kulturpessimismus seinen Nutzen zieht. Wenn es heißt, daß die Reaktion des Publikums über den Erfolg einer Aktion Aufschluß gibt (K. NÜHLEN 1952/53, S. 452), bedeutet dies, daß die öffentliche Meinung auf eine Entscheidung hinstrebt, auch wenn diese niemals einstimmig ist.

VIII Forschungsmethoden

Die Kunstsoziologie bedient sich bei der Erfassung der dem Prozeß zwischen Künstler, Kunstwerk und Empfänger entspringenden, unterschiedlich gelagerten Forschungsobjekten der Techniken der Sozialforschung. Dabei hat der Forscher unter den diversen Methoden selbstverständlich eine Auswahl zu treffen, was nicht nur aus den hier nicht auszuführenden Grundlagenproblemen der soziologischen Forschungsmethoden hervorgeht (hierzu u.a. P. ATTESLANDER 1985), sondern überdies aus der Vielfalt der Kunstsparten und der daraus sich ergebenden Fragestellungen, die sich nicht einfach gleichermaßen mit Bezug auf Literatur, bildende Kunst, Musik, Film etc. verallgemeinert beantworten lassen. Im folgenden werden ohne Rangordnung und Gewichtung einige der gebräuchlichsten methodischen Handhabungen systematisiert vorgelegt.

a) Wenn heutzutage in der kunstsoziologischen Forschung statistische Methoden zur Sammlung quantitativer Daten und zu Zwecken qualitativer Interpretationen regelmäßig Anwendung finden, darf nicht unterstellt werden, daß dies immer der Fall gewesen ist. Vor allem erhoben sich starke Einwände gegen die "Meßbarkeit" der Kunst, indem ausgeführt wurde, daß sich Kunstwerke, ihre Schöpfer und ihr Publikum der rationalen Erfassung entzögen. Die Praxis hat jedoch gezeigt, daß selbst wenn von der längst überholten Prämisse ausgegangen wird, ein Kunstwerk stelle eine Leistung sui generis dar, dies die empirische Erforschung seines Kontextes nicht ausschließt. In der Tat hat sich die Verwendung statistischer Vorrichtungen - von deskriptiver über schließender bis zu nichtparametischer Statistik - bei kunstsoziologischen Forschungen als durchaus tauglich erwiesen; darunter u.a. Produktivitätserfassungen, Eigenschaftsmerkmale, soziale und sozialpsychologische Hintergründe, berufsspezifische Fragen etc., sowie Quantifizierung des beim Kunsterlebnis eine Rolle spielenden epistemologischen Denkens.

In erster Linie bedient sich statistischer Methoden alles, was unter die Überschrift "Kunstwirtschaft" eingeordnet wird, als da wären: Kunstförderung, Kunstpolitik, Kunstfinanzierung, Kunstunterricht, Kunstberuf, Verlags-, Verwertungs-, Aufführungs-, Vorführungs- und Sozialversorgungswesen. Bei der Anlage von Untersuchungen innerhalb dieser Sparte ist darauf zu achten, daß sich sachlich Kunst und Wirtschaft durch Ursprung, Zwecksetzung, Gestaltungsprinzipien, Recht, Struktur u.a. unterscheiden, und daß psychologische Unterschiede bestehen in den Einstellungen, die die Menschen gegenüber dem Künstlerischen (als Idealfaktor) und dem Wirtschaftlichen (als Realfaktor) einnehmen.

b) Zur Erarbeitung des statistischen Zahlenwerks bedient sich die Kunstsoziologie in gleicher Weise wie andere Soziologien des Instrumentariums der <u>Befragung</u>, der <u>Beobachtung</u> und des <u>Experiments</u>. Mit diesen Forschungsvorgängen verständnisvoll und gewissenhaft arbeitend, lassen sich Problemkreise wie beispielsweise: Selbsteinschätzung des Künstlers, Feststellung musikalischer Vorlieben, Literaturpflege, soziale Situation von Übersetzern, Kunstrezeption im allgemeinen und speziellen etc. adäquat bearbeiten. Da, wie ausgeführt wurde, Situationsbedingungen bei der Produktion und der Konsumtion von Kunstwerken sowie bei Entstehen und Wirkung des Kunsterlebnisses eine beachtliche Rolle spielen, ist vor allem das Experiment zur Erfassung und Kontrolle solcher Bedingungen besonders zweckdienlich.

c) Ein breites Forschungsgebiet hat sich der Kunstsoziologie durch die Problematik von Werten, Attitüden und Einstellungen eröffnet, dem sie sich anhand der bisher angeführten methodischen Vorgängen sowie ihren vielen hier nicht vorzustellenden Varianten zuwendet. Soweit es Werte-Erforschung betrifft, sollten allerdings gewisse Grenzen nicht überschritten werden, zumal es vermessen wäre, im empirischen Rahmen künstlerische Werte als Absolute anzusehen, bzw. mit unabhängiger Gültigkeit zu versehen oder sie als im materiellen oder nicht-materiellen Objekt liegend zu betrachten: als empirisch-soziologisch erfaßbare künstlerische Werte sind nur solche anzusehen, die sich mit Aktionen gleichstellen lassen.
Kunstsoziologische Attitüden- und Einstellungsuntersuchungen haben sich vor allem stark auf Probleme der Trivial-Literatur, -Musik, -Malerei sowie auf populärkulturelle Phönomene konzentriert. Unter Einbeziehung ergebnisreicher Kleingruppenforschungstendenzen hat sich diesbezüglich ein methodisches Vorgehen zur Erkenntnis attitüdinaler Mehrwertigkeiten mitt Bezug auf Kultur, Kunst und Persönlichkeit entwickelt. Auch die vergleichende Literatur-, Musik-, Kunst- und Theaterwissenschaft benutzt je nach Ausrichtung der Untersuchung sozialwissenschaftliche Methoden zur Erfassung von Werten und Einstellungen.

d) Das Instrumentarium der Systematischen Inhaltsanalyse hat sich für die empirische Kunstsoziologie als eine außerordentlich fruchtbare Methode erwiesen; darf aber nicht impressionistisch gehandhabt werden. Nur bei genauer systematischer Anwendung, vor allem, was die Kategorienbildung betrifft, liefert die Inhaltsanalyse dem Forscher Daten über kulturelle und soziale Denkweisen, über Stereotypen, Vorbilder, symbolische Darstellungen, Verhaltensweisen, Themen und künstlerische Wahrnehmungs- und Bedeutungselemente. Beispiele für die Anwendung der systematischen Inhaltsanalyse im Bereich der Künste finden sich bei A. SILBERMANN 1974.

e) Bei der kunstsoziologischen Verhaltensforschung, soweit sie Handlungsweisen angesichts des Kunsterlebnisses in gegebenen Situationen zu erklären sucht, kommen in kombinierter Weise alle alle Methoden zur Anwendung, die einerseits die Analyse soziokünstlerischer Strukturen und Funktionen sowie Institutionen erlauben; andererseits das klinische Studium des Kunsterlebnisses, um zur Genesis der Struktur und dem Verhalten der soziokünstlerischen Persönlichkeit als Kreator oder Rezipient vorzudringen. Das methodische Vorgehen beruht hier auf Analogie, das heißt: aus beobachtbaren physischen Tatsachen wird auf das Geschehen psychischer Prozesse geschlossen, die denen ähneln, die der oder die Forscher bei sich selbst als Begleiterscheinungen physischer Tatsachen gleicher Art gefunden haben. Vordringlich kommen hier Laboratoriums- und Versuchsgruppenteste zur Anwendung, aber auch Methoden, die von der Ästhetik und der Semiotik mit Bezug auf Probleme des Verstehens entwikkelt wurden.

f) Typologienforschung befaßt sich in erster Linie mit der Herausarbeitung der das Kunsterlebnis bestimmenden, im Kunstschaffenden personifizierten sozio-kulturellen Elemente.

g) Die angeführten Forschungsmethoden sind die bei empirischen Arbeiten der Kunstsoziologie am häufigsten auftretenden. Neben und zusammen mit ihnen finden auch Dokumenten-, System-, Indicesanalysen und andere Erhebungs- und Auswertungsmethoden ihren Platz, soweit sie dem Forschungsziel angemessen sind. Da die Kunst eine humane Beschäftigung des Menschen ist und daher alle Facetten des Kunsterlebnisses in Betracht zu ziehen hat, um zu einer wohlbegründeten Erkenntnis der Künste vordringen zu können, artikuliert sich in der kunstsoziologischen Forschung ein immer stärker werdendes Verlangen nach interdisziplinären Ansätzen.

Zur Information über einzelne Forschungsmethoden siehe: Einführungen (R. MAYNTZ et al 1972 , Th. HARDER 1974); Statistik (J. KRIZ 1973); Deskriptive Statistik (H. BENNINGHAUS 1982); Schließende Statistik (H. SAHNER 1982) ; Interview (E. ERBSLÖH 1972); Beobachtung (K.-W. GRÜMER 1974); Experiment (P. ATTESLANDER 1975); Faktorenanalyse (G. ARMINGER 1979); Systematische Inhaltsanalyse (A. SILBERMANN 1974); Grundlegende Methoden und Techniken der empirischen Sozialforschung (R. KÖNIG, Hrsg., 1973, 1974).

IX Auswahl empirischer Arbeiten

1. Literatur

Adler, F., The Social Thought of Jean Paul Sartre, in: American Journal of Sociology, Bd. 55, 1949

Albrecht, M. C., Does Literature Reflect Common Values? in: American Journal of Sociology, Bd. 21, 1956

Altick, R.D., The English Common Reader. A Social History of the Mass Reading Public 18oo-19oo, Chicago 1957

Arnold, H.L.(Hg.), Literaturbetrieb in Deutschland, Stuttgart/ München/Hannover 1971

Arnold, H.L., Gespräche mit Schriftstellern, München 1975

Barker, R./Escarpit, R., La Faim de lire, Paris 1973

Barnett, J.H., Society and the Novel, in: Social Science, Bd. 13, 1938

Bayer, D., Der triviale Familien- und Liebesroman im 2o. Jahrhundert, Tübingen 1963

Bayer, D., Falsche Innerlichkeit. Zum Familien- und Liebesroman, in: Schmidt-Henkel, G. u.a. (Hg.), Trivialliteratur, Berlin 1964

Beeg, A., Leseinteressen der Berufsschüler, München 1963

Bellamy, R.F., Art and Literature, in: Roucek, J.S. u.a. (Hg.), Social Control, New York 1947

Bierwirth, G., Die Problematik des englischen Schauerromans, Frankfurt/M. 197o

Bloch, P.A./Hubacher, E., Der Schriftsteller in unserer Zeit. Schweizer Autoren bestimmen ihre Rolle in der Gesellschaft, Bern 1972

Bosch, M./Konjetzky, K., Für wen schreibt der eigentlich? Gespräche mit lesenden Arbeitern, München 1973

Bouazis, Ch., Littérarité et société, Paris 1973

Boussinesq, J., Le lecture dans les bibliothèques d'entreprise de la région bordelaise, Bordeaux 1963

Brombacher, K., Der deutsche Bürger im Literaturspiegel von

Lessing bis Sternheim, München 192o
Brun, F., Pour une interprétation sociologique du roman picaresque, in: Editions de l'Institut de Sociologie (Hg.), Littérature et Société. Problèmes de méthodologie en sociologie de la littérature, Brüssel 1967
Burger, H.O. (Hg.), Studien zur Trivialliteratur, Frankfurt/M. 1968
Cain,J./Escarpit,R./Martin, H.J. (Hg.), Le Livre français, hier, aujourd'hui, demain, Paris 1972
Chandler, H.B./Croteau, J.T., A Regional Library and Its Readers, New York 194o
Clark, P.P., The Comparative Method: Sociology and the Study of Literature, in: Yearbook of Comparative and General Literature, Bd. 23, 1974
Cruse, A., The Victorians and their Books, London 1935
Daiches, D., The Novel and the Modern World, Chicago 196o
Davids, J.U., Das Wildwest-Romanheft in der Bundesrepublik, Ursprünge und Strukturen, Tübingen 1969
Davis, E., Some Aspects of the Economics of Authorship, New York 194o
Doutrepont, G., Les types populaires de la littérature française, Brüssel 1926
Drewitz, I. (Hg.), Die Literatur und ihre Medien. Positionsbestimmungen, Düsseldorf/Köln 1972
Dumazedier, J./Hassendorfer, J.J., Éléments pour une sociologie comparée de la production, de la diffusion et de l'utilisation du livre, Paris 1963
Dupuy, J., Le roman policier, Paris 1974
Durling, R.M., The Figure of the Poet in Renaissance Epic, Cambridge/Mass. 1965
Eckert, O., Der Kriminalroman als Gattung, in: Bücherei und Bildung, Bd. 3, 1951
Eco, U., Rhetoric and Ideology in Sue's Les Mystères de Paris, in: Internation Social Science Journal, Bd. 19, 1967
Engelsing, R., Der Bürger als Leser. Lesergeschichte in Deutsch-

land 15oo-18oo, Stuttgart 1974

Ertel, R., Le roman juif américain.Une écriture minoritaire, Paris 198o

Escarpit, R., Das Buch und der Leser. Entwurf einer Literatursoziologie, Köln/Opladen, 2. Aufl. 1966)zuerst: Paris 1958

Escarpit, R., Le problème de l'âge dans la productivité littéraire, in:Bulletin des Bibliothèques de France, Bd. 5 196o

Escarpit, R./Lebas, M., Nouvel Atlas de la lecture à Bordeaux, Bordeaux 1976

Fernberg, B.G., Treatment of Jewish Character in the Twentieth Century Novel (19oo-194o) in France, Germany, England, and the United States, Diss., Stanford 1944

Findlater, R., What are Writers Worth? A Survey of Authorship, London 1963

Foltin, H.F., Die Unterhaltungsliteratur der DDR, Troisdorf 197o

Frank, K., Anschauung vom Wesen und Beruf des Dichters im Zeitalter des englischen Klassizismus, Diss., Freiburg 193o

Freund, M., Vom Lesen und Gelesenwerden. Soziologie der Buchkritik, in: Der Monat, Bd. 86, 1955

Fügen, H.N., Zur literarischen Strategie und Diffusion des George-Kreises, in: Ruperto-Carola, Bd. 39, 1966

Gehmacher, E./Graf, D.G./Spira, L. (Hg.), Buch und Leser in Österreich, Hamburg 1974

Geiger, K., Kriegsromanhefte in der BRD. Inhalte und Funktionen, Tübingen 1974

Girardi, M.-R./Neffe, L.K./Steiner, H. (Hg.), Buch und Leser in Deutschland, Gütersloh 1965

Glotz, P., Buchkritik in deutschen Zeitungen, Hamburg 1968

Göpfert, H.G., Lesegesellschaften im 18. Jahrhundert, in: Lange, V./Roloff, H.-G. (Hg.), Dichtung - Sprache - Gesellschaft, Frankfurt/M. 1971

Goldmann, L., Le dieu caché. Étude sur la vision tragique dans les PENSÉES de Pascal et dans le théâtre de Racine, Paris 1955

Goldmann, L., Soziologie des modernen Romans, Neuwied/Berlin 197o

Gossman, N.J., Political and Social Themes in the English Popular Novel 1815-1832, in: Public Opinion Quarterly, Bd. 2o, 1956

Gräfe, G., Die Gestalt des Literaten im Zeitroman des 19. Jahrhunderts, in: Germanische Studien, Bd. 158, 1937

Greiner,M., Die Entstehung der modernen Unterhaltungsliteratur. Studien zum Trivialroman des 18. Jahrhunderts, Reinbek 1964

Harvey, J., The Content Characteristics of Bestselling Novels, in: Public Opinion Quarterly,Bd. 17, 1953

Hohendahl, P.U., Promoter, Konsumenten und Kritiker: Zur Rezeption des Bestsellers,in: Ders., Literaturkritik und Öffentlichkeit, München 1974

Ingarden, R., Vom Erkennen des literarischen Kunstwerks, Tübingen 1968

Iser, W., Der implizite Leser, München 1972

Junge, M.-E., Die Auffassung der Familie im Roman des 19. Jahrhunderts, Diss., Hamburg 1948

Kals, H., Die soziale Frage in der Romantik, Köln 1974

Kelchner,M./Lau, E., Die Berliner Jugend und die Kriminalliteratur. Eine Untersuchung auf Grund von Aufsätzen Jugendlicher, in: Zeitschrift für angewandte Psychologie, Bd. 42, 1928

Kiesel, H./Münch, P., Gesellschaft und Literatur im 18. Jahrhundert. Voraussetzungen und Entstehung des literarischen Markts in Deutschland, München 1977

Klapp, O.E., The Hero as a Social Type, Diss., Chicago 1947

Klüter, H., Mensch, Gesellschaft und Zivilisation in der modernen Literatur. Ein Beitrag zur kultursoziologischen Analyse der Gegenwart, Diss., Heidelberg 1952

Knilli, F./Hickethier, K./Lützen, W.D. (Hg.), Literatur in

den Massenmedien - Demontage von Dichtung? München/Wien 1976

Knowlton, P., The Role of the Literary Agent, in: Smith, R.H. (Hg.), The American Reading Public, New York 1963

Kramer, J.R., The Social Role of the Literary Critic, Minnesota 1954

Kreuzer, H. (Hg.), Literatur für viele 2. Studien zur Trivialliteratur im 19. und 2o. Jahrhundert, Göttingen 1976

Kühnel, W., Trivialität - Ersatzwelt - Werbung? Das Phänomen Bestseller, in: Bertelsmann Briefe, Bd. 92, 1977

Langenbucher, W., Der aktuelle Unterhaltungsroman, Bonn 1964

Langenbucher, W.R./Truchseß, W.F., Buchmarkt der neuen Leser. Studien zum Programmangebot der Buchgemeinschaften (1962-1971), Berlin 1974

Lauterbach, B.R., Bestseller. Produktions- und Verkaufsstrategien, 1979.

Leavis, Q.D., Fiction and the Reading Public,New York 1965

Löwenthal, L., Das Bild des Menschen in der Literatur, Neuwied/Berlin 1966 (zuerst: Literature and the Image of Man, Boston 1957)

Lowenthal, L., Literature, Popular Culture and Society, Englewood Cliffs 1961; dtsch.: Literatur und Gesellschaft, Neuwied/Berlin 1964

Mattieu, A.M./Gratton, E., Writer's Market, Cincinnati 1959

Meyer-Dohm, P., Der westdeutsche Büchermarkt. Eine Untersuchung der Marktstruktur, zugleich ein Beitrag der vertikalen Preisbindung, Stuttgart 1957

Miller, E.H., The Professional Writer in Elizabethan England, Cambridge/Mass. 1959

Monroe, N.E., The Novel and Society, Washington 1965

Motte-Haber, H. de la (Hg.), Das Triviale in der Literatur, Musik und bildenden Kunst, Frankfurt/M. 1972

Mouillaud, G., The Sociology of Stendhal's Novels: Preliminary Research, in: International Social Science Journal Bd. 19, 1967

Nagl, M., Science Fiction in Deutschland. Untersuchungen zur Genese, Soziographie und Ideologie der phantastischen Massenliteratur, Tübingen 1972

Nusser, P., Romane für die Unterschicht. Groschenhefte und ihre Leser, Stuttgart 1973

Nutz, W., Der Trivialroman. Seine Formen und seine Hersteller. Ein Beitrag zur Literatursoziologie, Köln/Opladen 1962

Pascal, R., Design and Truth in Autobiography, London 1960

Prosi, G., Ökonomische Theorie des Buches, Düsseldorf 1971

Ritsert, J., Zur Gestalt der Ideologie in der Populärliteratur über den Zweiten Weltkrieg, in: Soziale Welt, Bd. 15, 1964

Rosengren, K.E., Sociological Aspects of the Literary System, Stockholm 1968

Rothe, W., Schriftsteller und totalitäre Welt, Bern/München 1966

Sichelschmidt, G., Hedwig Courths-Mahler. Eine literatursoziologische Studie, Bonn 1967

Silbermann, A./Krüger, U.M., Abseits der Wirklichkeit. Das Frauenbild in deutschen Lesebüchern, Köln 1971

Silbermann, A., Zur erkenntnistheoretischen Analyse von Horror- und Vampirromanen, in: Meissner, H.G. (Hg.), Leidenschaft der Wahrnehmung, München 1976

Scharioth, J., Das Lesen alter Menschen. Eine empirische Untersuchung über das Bücherlesen in Hamburg, Hamburg 1969

Schemme, W., Trivialliteratur und literarische Wertung, Stuttgart 1975

Schenda, R., Die Lesestoffe der kleinen Leute. Studien zur populären Literatur im 19. und 20. Jahrhundert, München 1976

Schmidtchen, G., Lesekultur in Deutschland 1974. Soziologische Analyse des Buchmarktes für den Börsenverein des deutschen Buchhandels, in: Archiv für Soziologie und Wirtschaftsfragen des Buchhandels, Bd. 30, 1974

Schreiber, M., Zur kulturellen Situation des Schriftstellers in der heutigen Gesellschaft, in: Silbermann, A./König, R. (Hg.), Künstler und Gesellschaft, Sonderheft 17 der Kölner Zeitschrift für Soziologie und Sozialpsychologie 1974

Schröder, W., Gesellschaftliche Gegebenheiten der Literaturproduktion in der sich auflösenden Ständegesellschaft und ihre Konsequenzen für die Aufklärungsperiode, in: Ders., Französische Aufklärung, Bürgerliche Emanzipation, Literatur und Bewußtseinsbildung, Leipzig 1974

Schücking, L.L., Die Soziologie der literarischen Geschmacksbildung, München 1923

Schulte-Sasse, J., Die Kritik an der Trivialliteratur seit der Aufklärung. Studien zur Geschichte des modernen Kitschbegriffs, München 1971

Schwenger, H., Literaturproduktion. Zwischen Selbstverwirklichung und Vergesellschaftung, 1979.

Schwonke, M., Vom Staatsroman zur Science Fiction, Stuttgart 1957

Straumann, H., Bestseller und Zeitgeschehen in den USA der sechsziger Jahre, in: Jahrbuch für Amerikastudien, Bd. 15, 197o

Strelka, J., Die gelenkten Musen. Dichtung und Gesellschaft, Wien/Frankfurt/Zürich 1971

Warneken, B.J., Literarische Produktion. Grundzüge einer materialistischen Theorie der Kunstliteratur, 1979.

Watt, I., "Robinson Crusoe" als ein Mythos, in: Wilson, R. (Hg.), Das Paradox der kreativen Rolle, Stuttgart 1975 (zuerst 1964)

Weinhold, H., Marktforschung für das Buch, St. Gallen 1956

Willenborg, G., Von deutschen Helden. Eine Inhaltsanalyse der Karl-May-Romane, Köln 1967

Wilson, R.N., Der Dichter in der amerikanischen Gesellschaft, in: Ders., Das Paradox der kreativen Rolle, Stuttgart 1975 (zuerst 1964)

2. Musik

Adorno, Th.W., A Social Critic of Radio Music, in: Kenyon Review, Bd. 7, 1945

Adorno, Th.W./Eisler, H., Komposition für den Film, München 1969

Adrian, W., Zum Berufsbild des Opernchorsängers, in: Bühnengenossenschaft, Bd. 2, 1978

Bahle , J., Der musikalische Schaffensprozeß, Konstanz 1947

Beaud, P./Willener, A., Musique et vie quotidienne. Essai de sociologie d'une nouvelle culture, Paris 1973

Becker, H.S., The Professional Dance Musician and his Audience, in: The American Journal of Sociology, Bd. 57, 1951

Blaukopf, K., Musiksoziologie. Eine Einführung in die Grundbegriffe mit besonderer Berücksichtigung der Soziologie der Tonsysteme, St. Gallen 195o

Blaukopf, K., Raumakustische Probleme der Musiksoziologie, in: Gravesaner Blätter Nr. XIX/XX, 196o

Blaukopf, K., Historische Typen musikalischen Hörens. Ein Beitrag zur Soziologie des musikalischen Verhaltens, Wien 1966

Blaukopf, K., Neue musikalische Verhaltensweisen der Jugend, Mainz 1974

Blaukopf, K./Mark, D. (Hg.), The Cultural Bahaviour of Youth. Towards a Cross-Cultural Survey in Europe and Asia, Wien 1976

Bontinck, I. (Hg.), New Patterns of Musical Behaviour of the Young Generation in Industrial Societies, Wien 1974

Borris, S., Grundtypen des musikalischen Erlebens, in: Melos, Oktober 1949

Brailoiu, C., Vie musicale d'un village, Paris 196o

Clercq, J. de, La profession de musicien. Une enquête, Brüssel 197o

Conyers, J.E., An Exploratory Study of Musical Tastes and Interests of College Students, in: Sociological Inquiry, Bd. 33, 1963

Coster, M. de, Le disque: art ou affaires? Analyse sociologique d'une industrie culturelle, Grenoble 1976

Denisoff, R.S., Sing a Song of Social Significance, Bowling Green University Popular Press 1972

Denisoff, R.S., Solid Gold. The Popular Record Industry, New Brunswick, N.J. 1975

Englert, H., Der Markt für musikalische Kompositionen, Diss., Köln 1971

Etzkorn, K.P., Musical and Social Patterns of Songwriters: An Exploratory Sociological Study, Diss., Princeton 1959

Etzkorn, K.P., Social Context of Songwriting in the United States, in: Ethnomusicology, Bd. 7, 1963

Fellerer, K.G., Soziologie der Kirchenmusik, Köln/Opladen 1963

Geiger, Th., A Radio Test of Musical Taste, in: Public Opinion Quarterly 1950/51

Helms, S.(Hg.), Schlager in Deutschland. Beiträge zur Analyse der Popularmusik und des Musikmarktes, Wiesbaden 1972

Hirsch, P.M., Sociological Approaches to the Pop Music Phenomenon, in: American Behavioral Scientist, Bd. 14, 1971

Karbusicky, V., Empirische Musiksoziologie. Erscheinungsformen, Theorie und Philosophie des Bezugs "Musik-Gesellschaft", Wiesbaden 1975

Kayser, D., Schlager - Das Lied als Ware. Untersuchungen zu einer Kategorie der Illusionsindustrie, Stuttgart 1975

Klausmeier, F., Jugend und Musik im technischen Zeitalter. Eine repräsentative Befragung in einer westdeutschen Großstadt, Bonn 1963

Klausmeier, F., Vorurteile in den Einstellungen zur Musik, in: Musik und Bildung, Bd. 4, 1972

MacDougald, D. jr., The Popular Music Industry, in: Lazarsfeld, P.F./Stanton, F.N. (Hg.), Radio Research 1941, New York 1941

Materne, G., Soziale und wirtschaftliche Probleme des Musikers, Diss., München 1953

Matzke, H., Musikökonomik und Musikpolitik. Grundzüge einer Musikwirtschaftslehre, Breslau 1927

McAllester, D.P., Enemy Way Music: A Study of Social and Esthetic Values as seen in Navaho Music. Papers of the Peabody Museum of American Archeology and Ethnology, Bd. 4, Cambridge, Mass. 1954

Mueller, J.H., A Sociological Approach to Musical Behavior, in: Ethnomusicology Bd. 7, 1963

Nash, D.J., The American Composer. A Study in Social Psychology, Diss., Pennsylvania 1954

Nash, D.J., The Socialization of an Artist: The American Composer, in: Social Forces Bd. 35, 1957

Nash, D.J., Der entfremdete Komponist, in: Wilson, R.N. (Hg.), Das Paradox der kreativen Rolle, Stuttgart 1975

Silbermann, A., Musik, Rundfunk und Hörer. Die soziologischen Aspekte der Musik am Rundfunk, Köln/Opladen 1959 (zuerst Paris 1954)

Silbermann, A., Der musikalische Sozialisierungsprozeß. Eine soziologische Untersuchung bei Schülern - Eltern - Musiklehrern, in: Schriftenreihe des Kultusministers Nordrhein-Westfalen, Heft 29, Köln 1976

Schünemann, G., Zur Soziologie des Chorgesangs, Berlin/Leipzig 1929

Steege, F., Der Beruf des Konzertagenten, in: Musikhandel Bd. 14, 1963

Thielecke, R., Die soziale Lage der Berufsmusiker, Diss., Frankfurt/M. 1922

Weber, M., Die rationalen und soziologischen Grundlagen der Musik, München 1921 (Neuauflage Tübingen 1972)

3. Bildende Kunst

Antal, F., Florentine Painting and its Social Background, London 1947

Antal, F., Hogarth und seine Stellung in der europäischen Kunst, Dresden 1966

Behrman , S.N., Duveen und die Millionäre. Zur Soziologie des Kunsthandels in Amerika, Reinbek 1960

Boas, G., The Mona Lisa in the History of Taste, in: Journal of the History of Ideas, Bd. 1, 1940

Bongard, W., Kunst und Kommerz. Zwischen Passion und Spekulation, Oldenburg 1967

Bongard, W., Ist Kunst meßbar? in: Deutsches Ärzteblatt Bd. 69, 1972

Bongard, W., Zu Fragen des Geschmacks in der Rezeption bildender Kunst der Gegenwart, in: Silbermann, A./König, R. (Hg.), Künstler und Gesellschaft, Sonderheft 17 der Kölner Zeitschrift für Soziologie und Sozialpsychologie 1974

Bourdieu, P./Darbel, A., L'amour de l'art. Les musées et leur public, Paris 1966

Brückner, W., Trivialisierungsprozesse in der bildenden Kunst zu Ende des 19. Jahrhunderts, dargestellt an der "Gartenlaube", in: Motte-Haber, H. de la (Hg.), Das Triviale in der Literatur, Musik und bildenden Kunst, Frankfurt/M. 1972

Brückner, W., Die Bilderfabrik. Dokumentation zur Kunst- und Sozialgeschichte der industriellen Wandschmuckherstellung zwischen 1845 und 1973 am Beispiel eines Großunternehmens, Frankfurt/M. 1973

Buswell, G.Th., How People Look at Pictures, Chicago 1935

Cursiter, S., The Place of the Art Gallery in the Life of the Community, in: Public Administration Bd. 15, 1937

Damus, M., Funktionen der Bildenden Kunst im Spätkapitalismus. Untersucht anhand der "avantgardistischen" Kunst der sechziger Jahre, Frankfurt/M. 1973

Damus, M., Zur ökonomischen Lage der bildenden Künstler in der BRD, in: Silbermann, A./König, R. (Hg.), Künstler und Gesellschaft, Sonderheft 17 der Kölner Zeitschrift für Soziologie und Sozialpsychologie 1974

Deinhard, H., Bedeutung und Ausdruck. Zur Soziologie der Ma-

lerei, Neuwied/Berlin 1967
Drey, P., Die wirtschaftlichen Grundlagen der Malkunst. Versuch einer Kunstökonomie, Stuttgart 1910
Francastel, P., La réalité figurative. Eléments structurels de sociologie de l'art, Paris 1965
Haskell, F., Patrons and Painters: A Study in the Relations between Italian Art and Society in the Age of Baroque, New York 1963
Havermans, J.W., De sociale positie der beeldenden Kunstenaars, Den Haag 1964
Hirschfeld, P., Mäzene. Die Rolle des Auftraggebers in der Kunst, München 1968
Lankheit, K., Das Tryptichon als Pathosformel, Heidelberg 1959
Moulin, R., Le marché de la peinture en France, Paris 1967
Myers, B.S., Problems of the Younger American Artist, New York 1957
Núñez, L.M. y, Soziologie der Kunst, Stuttgart 1977 (zuerst Mexico 1962
Nutz, W., Soziologie der trivialen Malerei, Stuttgart 1975
Piel, J., La fonction sociale du collectionneur de tableaux,in: Critique 1962
Rosenberg, B./Fliegel, N., The Vanguard Artist. Portrait and Self-Portrait, Chicago 1965
Scharfe, M., Probleme einer Soziologie des Wandschmucks, in: Zeitschrift für Volkskunde Bd. 66, 1970
Thurn, H.P., Soziologie der Kunst, Stuttgart/Berlin/Köln/Mainz 1973
Thurn, H.P., Soziologie der bildenden Kunst. Forschungsstand und Forschungsperspektiven, in: Silbermann, A./König, R. (Hg.), Sonderheft 17 der Kölner Zeitschrift für Soziologie und Sozialpsychologie 1974
Wackernagel, M., Der Lebensraum des Künstlers in der florentinischen Renaissance, Leipzig 1938
White, C./White, H., Institutioneller Wandel in der Welt der französischen Malerei, in: Wilson, R.N. (Hg.), Das Pa-

radox der kreativen Rolle, Stuttgart 1975 (zuerst 1964)

4. Theater

Abraham, P., Le succés au théâtre et ses facteurs sociaux: une expérience, in: Annales d'histoire économique et sociale Bd. 35, 1935

Bab, J., Das Theater im Lichte der Soziologie, Leipzig 1931 (Neuauflage: Stuttgart 1974)

Baumol, W.J./ Bowen, W.G., Performing Arts - The Economic Dilemma, New York 1966

Beiß, A., Das Drama als soziologisches Phänomen. Ein Versuch, Braunschweig 1954

Bennett, M.S., Shakespeare's Theatre and His Audience, London 1944

Bernheim, A.L., The Business of the Theatre, New York 1932

Böhme, W. (Hg.), Theater in der Demokratie. Kann das Theater politisches Bewußtsein verändern?, Stuttgart 197o

Bradley, A.C., Shakespeare's Theatre and Audience, in: Oxford Lectures on Poetry, London 19o9

Brock-Sulzer, E., Das Theater, der Kritiker und das Publikum - Gedanken zur Funktion der Theaterkritik, in: Theater-Rundschau Bd. 12, 1966

Burkhardt, J., Das Theater und der Schauspieler in der Gesellschaft, Paris 1971

Demarcy, R., Eléments d'une sociologie du spectacle, Paris 1973

Descotes, M., Le public de théâtre et son histoire, Paris 1964

Dietrich, M. (Hg.), Das Burgtheater und sein Publikum, Wien 1976

Doat, J., Entrée du public. La psychologie collective et le théâtre, Paris 1947

Duvignaud, J., Sociologie du Théâtre. Essai sur les ombres collectives, Paris 1965

Duvignaud, J., L'Acteur. Esquisse d'une sociologie du comédien, Paris 1965

Goldmann, L., Le théâtre de Genet. Essai d'étude sociologique, in: Institut de Sociologie de l'Université Libre de Bruxelles (Hg.), Sociologie de la littérature, Brüssel 1970

Goodlad, J.S.R., A Sociology of Popular Drama, London 1971

Hänseroth, A., Über die Notwendigkeit und Wege einer empirischen Soziologie des Theaters, in: Kölner Zeitschrift für Soziologie und Sozialpsychologie Bd. 21, 1969

Hänseroth, A., Zur sozialen Lage der Theaterschaffenden in der Bundesrepublik Deutschland, in: Silbermann, A./König, R. (Hg.) Künstler und Gesellschaft, Sonderheft 17 der Kölner Zeitschrift für Soziologie und Sozialpsychologie, 1974

Hänseroth, A., Elemente einer integrierten empirischen Theater. forschung, Frankfurt/M. 1976

Houn, F.W., The Stage as a Medium of Propaganda in Communist China, in: Public Opinion Quarterly Bd. 23, 1959

Jenniches, K.M., Der Beifall als Kommunikationsmuster im Theater, in: Kölner Zeitschrift für Soziologie und Sozialpsychologie Bd. 21, 1969

Kindermann, H., Die Funktion des Publikums im Theater, Wien/Köln/Graz 1971

Mann, P.H., Surveying a Theatre Audience: Findings, in: British Journal of Sociology Bd. 18, 1967

Marek, H.G., Der Schauspieler im Lichte der Soziologie, Wien 1956

Messinger, S.L./Sampson, H./Tonne, R.D., Life as Theatre: Some Notes on the Dramaturgical Approach to Social Reality, in: Sociometry Bd. 25, 1962

Mewes, B., Struktur der Theaterabonnenten in einigen Städten, in: Der Städtetag 1965

Paul, A., Aggressive Tendenzen des Theaterpublikums. Eine strukturell-funktionale Untersuchung über den sog. Theaterskandal anhand der Sozialverhältnisse der Goethezeit, Diss., München 1969

Pitsch, I., Theater als politisch-publizistisches Führungsmit-

tel im NS-Staat, Diss., Münster 1952
Poerschke, K., Das Theaterpublikum im Lichte der Soziologie und Psychologie, in: Die Schaubühne, Emsdetten 1952
Rapp, U., Handeln und Zuschauen. Untersuchungen über den theatersoziologischen Aspekt in der menschlichen Interaktion, Darmstadt/Neuwied 1973
Ravar, R./Anrieu, P., Le spectateur au théâtre, Brüssel 1964
Ricard, A., Théâtre et Nationalisme, Paris 1972
Sack, F., Mißverständnisse um die Soziologie des Theaters, in: Theater und Zeit Bd. 9, 1961
Sauermann, K., Die sozialen Grundlagen des Theaters, Emsdetten 1947
Silbermann, A., Theater und Gesellschaft, in: Hürlimann, M. (Hg.), Das Atlantisbuch des Theaters, Zürich/Freiburg i.Br. 1966
Scheerer, H., Die sozialen Prozesse im Theater, Köln 1947
Schwanbeck, G., Sozialprobleme der Schauspielerin im Ablauf dreier Jahrhunderte, Berlin-Dahlem 1957
Traoré, B., Le théâtre négro-africain et ses fonctions sociales, Paris 1958
Weidenfeld, D., Der Schauspieler und die Gesellschaft. Beitrag zur Soziologie des Schauspielers, Köln/Berlin 1959
Weiser, F., Der Theaterbetrieb, seine Besonderheiten und seine Verbindung mit Einzelwirtschaften, Wien 1939

5. Film

Adorno, Th.W./ Eisler, H., Komposition für den Film, München 1969
Albrecht, G., Die Filmanalyse. Ziel und Methoden, in: Everschor, F. (Hg.), Filmanalysen 2, Düsseldorf 1964
Altenloh, E., Zur Soziologie des Kino, Diss., Jena 1914
Asheim, L., From Book to Film, Diss., Chicago 1949
Bächlin, P., Der Film als Ware, Basel 1946
Bateson, G., An Analysis of the Nazi Film "Hitlerjunge Quex",

in: Mead, M./Métraux, R. (Hg.), Chicago 1953
Batz, J.-C., A propos de la crise de l'industrie du cinéma, Brüssel 1963
Becker, W., Film und Herrschaft. Organisationsprinzipien und Organisationsstrukturen der nationalsozialistischen Filmpropaganda, Berlin 1973
Blumer, H., Movies and Conduct, New York 1933
Blumer, H./Hauser, P.M, Motion Pictures, Delinquency and Crime, New York 1933
Bremond, C./Sullerot, E./Berton, S., Les héros des films dits "de la Nouvelle Vague" in: Communications Bd. 1, 1961
Charters, W.W., Motion Pictures and Youth. A Summary, New York 1933
Cohen-Séat, G./Fougeyrollas, P., Wirkungen auf den Menschen durch Film und Fernsehen, Köln/Opladen 1966
Cooper, E./Dinerman, H., Analysis of the Film "Don't be a Sucker". A Study of Communication, in: Public Opinion Quarterly Bd. 15, 1951
Cressey, P./ Thrasher, F.M., Boys, Movies and City Streets, New York 1933
Dale, E., The Content of Motion Pictures, New York 1935
Dale, E., Children's Attendance at Motion Pictures, New York 1935
Degand, C., Le Cinéma...cette industrie, Paris 1972
Dysinger , W.S./Ruckmick, C.A., The Emotional Responses of Children to the Motion Picture Situation, New York 1933
Faulstich, W., Einführung in die Filmanalyse, Tübingen 198o
Feldmann, E./ Hagemann, W.(Hg.), Der Film als Beeinflussungs-mittel, Emsdetten 1955
Goldmann, A., Cinéma et société moderne, Paris 1971
Handel, L.A., Hollywood Looks at Its Audience, Urbana, Ill. 195o
Hesse-Quack, O., Der Übertragungsprozeß bei der Synchronisation von Filmen, München/Basel 1969
Höfig, W., Der deutsche Heimatfilm 1947-196o, Stuttgart 1973

Hollstein, D., Antisemitische Filmpropaganda, München-Pullach/ Berlin 1971

Horstmann, J. (Hg.), Kirchliches Leben im Film, Schwerte 1981

Jarvie, I.C., Towards a Sociology of the Cinema. A Comparative Essay on the Structure and Functioning of a Major Entertainment Industry, London 197o(dtsch.: Stuttgart 1974)

Jones, D.B., Quantitative Analysis of Motion Picture Content, in: Public Opinion Quarterly Bd. 6, 1942

Köckeis, E., Kinobesuch und Filmwahl österreichischer Lehrlinge und Mittelschüler, in: Sehen und Hören Bd. 24, 1966

Kracauer, S., From Caligari to Hitler, Princeton 1947; dtsch.: Von Caligari zu Hitler, Hamburg 1958

Kracauer, S., Those Movies with a Message, in: Harper's Nr. 196, 1948

Kracauer, S., National Types as Hollywood Presents Them, in: The Cinema 195o, S. 14off.

Laulan, A.-M., Cinéma, Presse et Public, Paris 1978

Lerner, M., The Movies Role and Performance, in: ders., America as a Civilization, New York 1957

MacCann, R.D., Film and Society, New York 1964

Manvell, R., The Film and the Public, Harmondsworth 1955

Manvell, R./Huntley, J., Technique of Film Music, New York 1967

May, M.A./Lumsdaine, A.A., Learning from Films, New Haven, Conn., 1958

Mead, M./Schwarz, V., An Analysis of the Soviet Film "The Young Guard" in: Mead, M./Métraux, R. (Hg.), Chicago 1953

Metz, Ch., Essais sur la signification au cinéma, Paris 1968

Monaco, P., Cinema and Society, New York/Oxford/Amsterdam 1976

Osterland, M., Gesellschaftsbilder in Filmen. Eine soziologische Untersuchung des Filmangebots der Jahre 1949 bis 1964, Stuttgart 1974

Peterson, R.C./Thurstone, L.L., Motion Pictures and the Social Attitudes of Children, New York 1933

Poser, H., Der Kinobesitzer, in: König, R. (Hg.), Soziologische Probleme mittelständischer Berufe, Köln/Opladen 1967

Powdermaker, H., Hollywood. The Dream Factory. An Anthropologist Looks at he Movie-Makers, Boston 1950
Rosten, L. C., Hollywood: The Movie Colony, the Movie Makers, New York 1941
Siclier, J., Le Mythe de la femme dans le cinêma amêricain, Paris 1956
Silbermann, A., La formation de l'image nationale par le film, in: Cahiers Vilfredo Pareto Bd. 16/17, 1968
Silbermann, A./Schaaf, M./ Adam, G., Filmanalyse, München 1980
Silbermann, A. (Hg.), Mediensoziologie Band I: Film, Düsseldorf/Wien 1973
Spraos, J., The Decline of the Cinema, London 1962
Thurstone, L.L./Peterson, R.C., Motion Pictures and the Social Attitudes of Children, New York 1933
Wasem, E., Jugend und Filmerleben, München/Basel 1957
Wolfenstein, M., Movie Analysis in the Study of Culture, in: Mead, M./Mêtraux, R. (Hg.) Chicago 1953
Zielinsky, S., Veit Harlan, Frankfurt/M. 1981

6. Bibliographien und Reader

Albrecht, M.C./Barnett, J.H./Griff, M. (Hg.), The Sociology of Art and Literature, London 1970
Bark, J. (Hg.), Literatursoziologie, 2 Bde., Stuttgart/Berlin/Köln/Mainz 1974
Brackert, H./Lämmert, E. (Hg.), Literatur. Reader zum Funkkolleg, 2 Bde. Frankfurt/M. 1976/77
Bürger, P. (Hg.), Seminar: Literatur- und Kunstsoziologie, Frankfurt/M. 1978
Elste, M., Verzeichnis deutschsprachiger Musiksoziologie, 2 Bde., Hamburg 1975
Fügen, H.N. (Hg.), Wege der Literatursoziologie, Neuwied/Berlin 1968
Inge, M.Th., Handbook of American Popular Culture, Westport/London 1978

Silbermann, A. (Hg.), Klassiker der Kunstsoziologie, München 1969

Silbermann, A., Empirische Kunstsoziologie. Eine Einführung mit kommentierter Bibliographie, Stuttgart 1973

Silbermann, A. (Hg.), Mediensoziologie: Film, Düsseldorf/Wien 1973

X. Literatur

Adorno, Th.W., A Social Critic of Radio Music, in: Kenyon Review Bd. 7, 1945

Adorno, Th.W., "Zur Schlußszene des Faust" sowie "Versuch, das Endspiel zu verstehen",in: Noten zur Literatur II, Frankfurt/M. 1961

Adorno, Th.W., Einleitung in die Musiksoziologie, Frankfurt/M. 1962

Allsopp, B., Die Zukunft der Künste, Düsseldorf 196o (zuerst London 1959)

Amiot, J.J.M., Mémoires sur la musique des Chinois tant anciens que modernes, Paris 1779

Antal, F., Florentine Painting and its Social Background, London 1947

Arminger, G., Faktorenanalyse, Stuttgart 1979

Aron, R., Les étapes de la pensée sociologique, Paris 1967

Atteslander, P., Methoden der empirischen Sozialforschung, 5. Aufl., Berlin/New York 1985

Becker, H.S., Art as Collective Action, in: American Sociological Review, Bd. 39, 1974

Becker, H.S., Art Worlds, Berkeley/Los Angeles/London 1982

Bellebaum, A., Soziologische Grundbegriffe, 9. Aufl., Stuttgart/Berlin/Köln/Mainz 1983

Benedict, R., Urformen der Kultur, Hamburg 1955

Benjamin, W., Das Kunstwerk im Zeitalter seiner technischen Reproduzierbarkeit, in: Zeitschrift für Sozialforschung Bd. 1, 1936

Benjamin, W., Über einige Motive bei Baudelaire, in: ders., Illuminationen, Frankfurt/M. 1961

Benninghaus, H., Deskriptive Statistik, 4. Aufl., Stuttgart 1982

Berger, R., Art et communication, Paris 1972

Bierstedt, R., The Social Order, New York/San Francisco/Toronto/London, 2. Aufl. 1963

Blaha, A., La vie envisagée du point de vue sociologique, in: Cahiers internationaux de sociologie, 1949, Vii, S. 136

Blau, P.M., Bureaucracy in Modern Society, New York 1956

Bloch, E., Zur Philosophie der Musik, Frankfurt/M. 1974

Blumler, H., Collective Behavior, in: McClung Lee, A. (Hg.), Principles of Sociology, New York 1951, S. 167ff.

Bonald, L. de, Mélanges politiques, littéraires et philosophiques, Paris 1819

Bongard, W., Kunst und Kommerz, Oldenburg 1967

Bouman, P.J., Kultur und Gesellschaft der Neuzeit, Olten/Freiburg 1962

Brenner, H., Die Kunstpolitik des Nationalsozialismus, Reinbek 1963

Brunner, O., Neue Wege der Sozialgeschichte, Göttingen 1956

Burckhardt, J., Kultur und Kunst der Renaissance in Italien, Berlin 1936

Caplow, Th., The Sociology of Work, Minneapolis 1954

Cartwright, D./Zander, A., Group Dynamics. Research and Theory, 2. Aufl., New York/Evanston/London 1960

Crosten, W.L., French Grand Opera: an Art and a Business, New York 1948

Cassou, J., Situation de l'art moderne, Paris 1950

Cuvillier, A., Manuel de Sociologie, Bd. 3, Paris 1970

Dadek, W., Die Filmwirtschaft, Freiburg/Br. 1957

Denisoff, R.S., Sing a Song of Social Significance, Bowling Green 1972

Dewey, J., Art as Experience, New York 1934

Dilthey, W., Von deutscher Dichtung und Musik, Leipzig/Berlin 1933

Durkheim, E., Die Regeln der soziologischen Methode, 5. Aufl., Darmstadt/Neuwied 1976 (zuerst Paris 1895

Duvignaud, J., Zur Soziologie der künstlerischen Schöpfung, Stuttgart 1975 (zuerst Paris 1967)

Eisermann, G., Soziologie und Geschichte, in: König, R. (Hg.), Handbuch der empirischen Sozialforschung, Bd. 4, 2. Aufl. Stuttgart 1974

Elias, N., Über den Prozeß der Zivilisation, 2 Bde., 2. Aufl., Berlin/München 1969

Eliot, T.S., Notes towards the Definition of Culture, London 1948

Erbslöh, E., Interview, Stuttgart 1972

Farnsworth, P.R., Sozialpsychologie der Musik, Stuttgart 1976

Feibleman, J.K., The Institutions of Society, London 1956

Fischer, K.A., Kultur und Gesellung, Köln 1951

Friedell, E., Kulturgeschichte der Neuzeit, München 1927

Gehlen, A., Zeit-Bilder. Zur Soziologie und Ästhetik der modernen Malerei, Frankfurt/M. 1960

Geissmar, B., Musik im Schatten der Politik, Freiburg/Br. 1951

Goldmann, L., Soziologie des modernen Romans, Neuwied/Berlin 1970

Graña, C., John Deweys soziale Kunst und Kunstsoziologie, in: Wilson, R.N. (Hg.), Das Paradox der kreativen Rolle, Stuttgart 1975

Grümer, K.-W., Beobachtung, Stuttgart 1974

Gurvitch, G.(Hg.), Traité de Sociologie, Bd. 2, Paris 1960

Guyau, J.-M., L'art au point de vue sociologique, Paris 1889

Hänseroth, A., Elemente einer integrierten empirischen Theaterforschung, Frankfurt/M. 1976

Halbwachs, M., Das kollektive Gedächtnis, Stuttgart 1967 (zuerst Paris 1950)

Harder, Th., Werkzeug der Sozialforschung, München 1974

Hartfiel, G., Wörterbuch der Soziologie, 2. Aufl., Stuttgart 1976

Hauser, A., Sozialgeschichte der Kunst und Literatur, 2 Bde., München 1953

Hauser, A., Philosophie der Kunstgeschichte, München 1958

Hegel, G.W.F., Vorlesungen über die Ästhetik, hg. von Bassenge, F., 2. Aufl. Berlin/Weimar 1965

Homans, G.C., Elementarformen sozialen Verhaltens, Köln/Opladen 1968

Honigsheim, P., Soziologie der Kunst, Musik und Literatur, in:

Eisermann, G. (Hg.), Die Lehre von der Gesellschaft, Stuttgart 1958

Huizinga, J., Homo Ludens. Vom Ursprung der Kultur im Spiel, Reinbek 1956

Inkeles, A., What is Sociology, Englewood Cliffs, N.J.,1964

Jöde, F., Deutsche Jugendmusik, Berlin 1934

Jonas, F., Geschichte der Soziologie, 4 Bde., Reinbek bei Hamburg 1968

Kaplan, M., Foundations and Frontiers of Music Education, New York/Toronto/London 1966

Kiesewetter, R.G., Die Musik der Araber, Leipzig 1842

Klusen, E., Volkslied. Fund und Erfindung, Köln 1969

König, R. (Hg.), Beobachtung und Experiment in der Sozialforschung, 8. Aufl., Köln 1972

König,R. (Hg.), Grundlegende Methoden und Techniken der empirischen Sozialforschung, in: Handbuch der empirischen Sozialforschung, Bd. 2, Stuttgart 1973; Bd. 3a & 3b Stuttgart 1974

König, R. (Hg.), Soziologie, Neuausgabe, Frankfurt/M. 1980

König, R./Silbermann, A., Der unversorgte selbständige Künstler, Köln/Berlin 1964

Kofler, L., Zur Theorie der modernen Literatur. Der Avantgardismus in soziologischer Sicht, 2. Aufl., Düsseldorf 1974

Kofler, L., Hippolyte Taine, in: Silbermann, A. (Hg.), Klassiker der Kunstsoziologie, München 1979

Kolland, D., Die Jugendmusikbewegung. "Gemeinschaftsmusik" - Theorie und Praxis, Stuttgart 1979

Kriz, J., Statistik in den Sozialwissenschaften, Reinbek bei Hamburg 1973

Kuhn, H., Wesen und Wirken des Kunstwerks, München 1960

Lalo, Ch., Notions d'Esthétique, Paris 1948

LaPiere, R.T., Sociology, New York/London 1946

Lenk, K., Marx in der Wissenssoziologie, Neuwied/Berlin 1972

Lukács, G., Die Theorie des Romans. Ein geschichtsphilosophischer Versuch über die Formen der großen Epik, Berlin 1920

Mannheim, K., Beiträge zur Theorie der Weltanschauungsinterpretation, Wien 1923

Mannheim, K., Essays on the Sociology of Knowledge, London 1952

Marcuse, H., Konterrevolution und Revolte, Frankfurt/M. 1973

Marx, K./Engels, F., Über Kunst und Literatur, hg. von Lifschitz, M., 2 Bde., Berlin 1967

Matzke, H., Musikökonomik und Musikpolitik. Grundzüge einer Musikwirtschaftslehre, Breslau 1927

Mayntz, R., Soziologie der Organisation, Reinbek 1963

Mayntz, R. et al, Einführung in die Methoden der empirischen Soziologie, 3. Aufl., Opladen 1972

McClelland, D.C., The Achieving Society, New York/London 1961

Mead, G.H., Mind, Self,and Society, Chicago 1934

Merrill, F.E., Society and Culture, Englewood Cliffs, N.J., 1957

Merton, R.K., Sociology of Knowledge, in: Gurvitch, G./Moore, W.E. (Hg.), Twentieth Century Sociology, New York 1945

Merton, R.K., Social Theory and Social Structure, Glencoe 1951

Meyer, L.B., Music, the Arts, and Ideas. Patterns and Predictions in Twentieth-Century Culture, Chicago/London 1967

Mühlmann, W.E., Artikel "Geschichts- und Kultursoziologie", in: Handwörterbuch der Sozialwissenschaften, Stuttgart/Tübingen/Göttingen 1964

Mueller, J.H./Hevner, K., Trends in Musical Taste, Bloomington 1942

Mukerjee, R., The Social Function of Art, 2. Aufl., Bombay 1951

Nühlen, K., Das Publikum und seine Aktionsarten, in: Kölner Zeitschrift für Soziologie und Sozialpsychologie, Bd. 5, 1952/53

Nutz, W., Soziologie der trivialen Malerei, Stuttgart 1975

Pareto, V., Programme et Sommaire du Cours de sociologie. Neuausgabe hrsg. von Busino, G., Genf 1967

Plechanow, G.W., Kunst und Literatur, Berlin 1955

Rapp, U., Handeln und Zuschauen. Untersuchungen über den theatersoziologischen Aspekt in der menschlichen Interaktion,

Darmstadt/Neuwied 1973

Révész, G., Einführung in die Musikpsychologie, Amsterdam 1946

Riesman, D. u.a., Die einsame Masse, o.O. 1958 (zuerst New York 1950)

Rosenmayr, L., Max Scheler, Karl Mannheim und die Zukunft der Wissenssoziologie, in: Silbermann, A. (Hg.), Militanter Humanismus, Frankfurt/M. 1966

Sachs, C., The Commonwealth of Art, London 1955

Scharfschwerdt, J., Grundprobleme der Literatursoziologie. Ein wissenschaftsgeschichtlicher Überblick, Stuttgart 1977

Scheler, M., Schriften aus dem Nachlaß, Bd. 1: Zur Ethik und Erkenntnislehre, 2. Aufl., Bern 1957

Sahner, H., Schließende Statistik, 2. Aufl., Stuttgart 1982

Scheuch, E.K., Soziologie der Freizeit, in: König, R. (Hg.), Handbuch der empirischen Sozialforschung, Bd. 11, 2. Aufl., Stuttgart 1977

Scheuch, E.K./Kutsch, Th., Grundbegriffe der Soziologie, 2. Aufl., Stuttgart 1975

Schischkoff, G., Philosophisches Wörterbuch, 19. Aufl., Stuttgart 1974

Schoeps, H.J., Was ist und was will die Zeitgeschichte. Über Theorie und Praxis der Zeitgeistforschung, Göttingen 1959

Silbermann, A., Musik, Rundfunk und Hörer, Köln/Opladen 1959

Silbermann, A., Systematische Inhaltsanalyse, in: König, R. (Hg.), Handbuch der empirischen Sozialforschung, Bd. 4, 3. Aufl., Stuttgart 1974

Silbermann, A., Massenkommunikation, in: König, R. (Hg.), Handbuch der empirischen Sozialforschung, Bd. 10, 2. Aufl., Stuttgart 1977

Simmel, G., Soziologie der Geselligkeit, in: Verhandlungen des Ersten Deutschen Soziologentages, Tübingen 1911

Simmel, G., Philosophische Kultur, 3. Aufl., Potsdam 1923

Sørensen, P.E., Elementare Literatursoziologie. Ein Essay über literatursoziologische Grundprobleme, Tübingen 1976

Sorokin, P.A., Kulturkrise und Gesellschaftsphilosophie, Stuttgart/Wien 1953

Sorokin, P.A., Society, Culture and Personality, New York 1962 (zuerst 1947)

Souriau, E., L'art et la vie sociale, in: Cahiers internationaux de sociologie, Vol. 5, 1948

Spengler, O., Der Untergang des Abendlandes, 2 Bde., München 1918/1922

Spann, O., Gesellschaftslehre, 3. Aufl., Leipzig 1930

Staël-Holstein, A.L.G. de, De la Littérature considérée dans ses rapports avec les institutions sociales, Paris 1800

Taine, H., Philosophie de l'art, 2 Bde., Paris 1882; deutsch: Philosophie der Kunst, Jena 1901

Thomae, O., Die Propaganda-Maschienerie. Bildende Kunst und Öffentlichkeitsarbeit im Dritten Reich, Berlin 1978

Thurn, H.P., Soziologie der Kultur, Stuttgart/Berlin/Köln/Mainz 1976

Thurn, H.P., Künstler in der Gesellschaft, Opladen 1985

Toynbee, A.J., A Study of History, New York/London 1947

Tylor, E.B., Die Anfänge der Kultur. Untersuchungen über die Entwicklung der Mythologie, Philosophie, Religion, Kunst und Sitte, 2 Bde., Leipzig 1873 (zuerst London 1871)

Vasari, G., Vite dei più eccelenti pittori, scultori ed architetti italiani, 2 Bde., 1550

Weber, A., Kulturgeschichte als Kultursoziologie, München 1950

Weber, M., Die rationalen und soziologischen Grundlagen der Musik, München 1921

Weber, M., Wirtschaft und Gesellschaft, Erster Halbband, Studienausgabe, Köln/Berlin 1964

Young, K., Handbook of Social Psychology, 4. Aufl., London 1951

Znaniecki, F., Social Organisation and Institutions, in: Gurvitch, G./Moore, W.E. (Hg.), Twentieth Century Sociology, New York 1945

XI. Sachregister

Studienskripten zur Soziologie

40 F. Golzewski/W. Reschka, Gegenwartsgesellschaften: Polen
383 Seiten. DM 23,80

41 Th. Harder, Dynamische Modelle in der empirischen Sozialforschung
120 Seiten. DM 15,80

42 W. Sodeur, Empirische Verfahren zur Klassifikation
183 Seiten. DM 16,80

43 H. M. Kepplinger, Massenkommunikation
207 Seiten. DM 17,80

44 H.-D. Schneider, Kleingruppenforschung
2. Auflage. 343 Seiten. DM 21,80

45 H. J. Helle, Verstehende Soziologie und
Theorien der Symbolischen Interaktion
207 Seiten. DM 17,80

46 T. A. Herz, Klassen, Schichten, Mobilitäten
316 Seiten. DM 21,80

48 S. Jensen, Talcott Parsons Eine Einführung
204 Seiten. DM 17,80

49 J. Kriz, Methodenkritik empirischer Sozialforschung
292 Seiten. DM 20,80

120 G. Büschges, Eine Einführung in die Organisationssoziologie
214 Seiten. DM 17,80

121 W. Teckenberg, Gegenwartsgesellschaften: UdSSR
478 Seiten. DM 25,80

122 A. Diekmann/P. Mitter, Methoden zur Analyse von Zeitabläufen
208 Seiten. DM 17,80

123 Goetze/Mühlfeld, Ethnosoziologie
326 Seiten. DM 21,80

124 D. Ruloff, Historische Sozialforschung
225 Seiten. DM 18,80

125 W. Tokarski/R. Schmitz-Scherzer, Freizeit
289 Seiten. DM 20,80

126 R. Porst, Praxis der Umfrageforschung
172 Seiten. DM 16,80

127 A. Silbermann, Empirische Kunstsoziologie
206 Seiten. DM 18,80

128 E. Lange, Soziologie des Erziehungswesens
242 Seiten. DM 19,80

129 W. Felber, Eliteforschung in der Bundesrepublik Deutschland
264 Seiten. DM 19,80

Preisänderungen vorbehalten